AF557950

Peter Neumann

TWINS

SK 36 SK 37

Zwei neue Kreuzer für die Seenotretter

1985 wurden die 27,5-Meter-Seenotrettungskreuzer
BERLIN und HERMANN HELMS in Dienst gestellt.

Nach 32 Jahren hartem Dienst und mehr als 6.000 Einsätzen
wurden sie 2017 durch zwei moderne 28-Meter-Neubauten,
die neue BERLIN und die ANNELIESE KRAMER, ersetzt.

Dies ist ihre Geschichte.

Große Entdeckungen und Verbesserungen sind stets das Produkt der Zusammenarbeit vieler Köpfe.

Alexander Graham Bell

Erfinder, 3. März 1847 – 2. August 1922

TWINS SK 36 SK 37
Zwei neue Kreuzer für die Seenotretter

IMPRESSUM
Ein Gesamtverzeichnis der lieferbaren Titel schicken wir Ihnen gerne zu.
Bitte senden Sie eine E-Mail mit Ihrer Adresse an: vertrieb@koehler-books.de.
Sie finden uns auch im Internet unter: www.koehler-books.de

Bibliografische Information der Deutschen Nationalbibliothek
Die Deutsche Nationalbibliothek verzeichnet diese Publikation in der Deutschen Nationalbibliografie.
Detaillierte bibliografische Daten sind im Internet über http://dnb.d-nb.de abrufbar.

ISBN 978-3-7822-1298-4

Design: Peter Neumann
Printed in Europe

INHALT

Vorwort der DGzRS 7

Vorwort des Autors 9

Im Jahre 1957 begann mit der THEODOR HEUSS
die Ära der modernen Seenotrettungskreuzer 11

Zwei Legenden:
die HERMANN HELMS und die erste BERLIN 17

Der Weg vom Entwurf auf Papier zur Kiellegung in Aluminium 31

Werft der Seenotrettungskreuzer: FASSMER 47

Bau der Seenotrettungskreuzer SK 36 und SK 37
sowie deren Tochterboote TB 40 und TB 41 55

Rollout und Erprobungen auf See 111

Taufen und Indienststellungen 129

Im Dienst auf Nord- und Ostsee 149

Danksagung [Thanks] 165

SAR
BERLIN

VORWORT der DGzRS

Gerhard Harder
Ehrenamtlicher Vorsitzer der Deutschen Gesellschaft zur Rettung Schiffbrüchiger (DGzRS), Bremen

Seit rund vier Jahrzehnten hält der renommierte Hamburger Seefotograf Peter Neumann die Arbeit der Seenotretter auf Nord- und Ostsee in beeindruckenden Bildern fest. Er ist dabei in Momenten, in denen unseren Besatzungen in der Regel keine Kamera bei ihren mitunter gefahrvollen Einsätzen zuschaut. Seine Fotos erzählen Geschichten, zeigen die Schiffe, aber genauso auch die Menschen der Deutschen Gesellschaft zur Rettung Schiffbrüchiger (DGzRS) und ihren selbstlosen Einsatz für andere.

Neumann, den die Verbindlichkeit der Seenotretter schon im Moment des ersten Zusammentreffens nachhaltig beeindruckte, beherrscht die hohe Kunst der Schwerwetterfotografie: diesen einen Moment zu treffen, wenn der Wind weht, das Licht gut ist, die Tide richtig läuft – und die Seenotretter ins Bild kommen. Für ihre Öffentlichkeitsarbeit überlässt er der DGzRS alle seine Aufnahmen honorarfrei.

Mehrere tausend Motive sind über die Jahre entstanden, veröffentlicht in zahlreichen Büchern, nicht zuletzt im erfolgreichen Bildband „Respekt" zum 150-jährigen Bestehen der DGzRS 2015. Die jährlich besten Aufnahmen sind zudem seit 1984 im weithin bekannten großformatigen Kalender „... wir kommen" zu finden. Für sein herausragendes Engagement haben die Seenotretter Peter Neumann bereits 2006 mit ihrer goldenen Ehrennadel geehrt, der höchsten Auszeichnung, die die DGzRS zu vergeben hat.

Der vorliegende Bildband ist ein weiteres, beeindruckendes Werk Neumanns. Ungewöhnlich ist das Buch nicht zuletzt deshalb, weil es Entwicklung, Bau und Indienststellung zwei nahezu zeitgleich entstandener großer Seenotrettungskreuzer mit Tochterbooten aus nächster Nähe nacherleben lässt – in dieser Parallelität kommt dies in dieser Schiffsgröße bei der DGzRS nicht häufig vor. Neumann beweist mit seinen Bildern der beiden neuen 28-Meter-„Twins" BERLIN und ANNELIESE KRAMER eindrucksvoll, dass seine Bildsprache auch nach 40 Jahren Seenotretter-Fotografie nichts von ihrer Faszination verloren hat – im Gegenteil: Er hat sich noch einmal neu erfunden.

Es liegt in der Natur der Sache, dass ein Bildband wie dieser von der Technik geprägt ist. Doch trotz aller technischen Entwicklung steht im Mittelpunkt unserer Arbeit nach wie vor der Mensch. Wie schon zur Zeit der Gründung der DGzRS vor mehr als 150 Jahren, so gilt es auch heute, mutige und erfahrene Seenotretter zu finden, die bereit sind, ungeachtet der auch trotz modernster Technik weiterhin zweifellos vorhandenen Gefahr für das eigene Leben hinauszufahren, wenn Menschen auf See in höchster Not auf Hilfe hoffen.

Peter Neumann sind neben exzellenten Fotografien des technisch höchst anspruchsvollen Spezialschiffbaus für Seenotretter auch eindrückliche Porträts der Menschen gelungen, die die von unserer Gesellschaft maßgeblich mitentwickelten Rettungseinheiten, die es in keinem Katalog „von der Stange" zu kaufen gibt, entwickelt, gebaut und nicht zuletzt finanziert haben: von unserem technischen Inspektor Holger Freese über die Kiellege- und Taufpaten sowie selbstverständlich die Schiffbauer, bis hin zu den Förderern und Spendern, die den Bau überhaupt erst ermöglicht haben.

Damit zeigt dieser Bildband eindrucksvoll, dass die Grundwerte der Seenotretter bis heute unverändert sind. Nach wie vor beruht die DGzRS allseits auf Freiwilligkeit: auf der Freiwilligkeit der Besatzungen zum Einsatz rund um die Uhr und bei jedem Wetter, der Finanzierung ausschließlich durch Spenden und freiwilligen Beiträgen aus allen Teilen der Bevölkerung im ganzen Land. Man kann dies nicht oft genug betonen: Damals wie heute verzichtet die DGzRS bewusst auf jegliche staatlich-öffentliche Mittel – und bewahrt damit ihre Unabhängigkeit, die wiederum die Grundvoraussetzung dafür ist, dass die Seenotretter freiwillig in den Einsatz fahren. Der aufrichtige Dank der Seenotretter gilt all ihren Freunden und Förderern im ganzen Land.

Unsere Statistik weist heute Jahr für Jahr mehr als 2.000 Einsätze auf Nord- und Ostsee aus – und insgesamt mehr als 84.000 Gerettete seit Gründung der DGzRS 1865. Wenn wir mit Stolz auf die Leistungen der Seenotretter in den zurückliegenden mehr als 150 Jahren verweisen können, dann dürfen alle Freunde und Förderer der DGzRS, die an Land durch ihre Spenden und durch ihre ideelle Unterstützung dies erst ermöglicht haben, stolz sein auf diese Erfolge. Jeder Spender, jeder haupt- und ehrenamtliche Mitarbeiter der DGzRS, darf für sich in Anspruch nehmen, mitgeholfen und mitgewirkt zu haben, wenn von einem gelungenen Einsatz berichtet wird – so auch am Bau dieser beiden neuen Seenotrettungskreuzer.

In der Zukunft werden die Anforderungen an die Seenotretter trotz erhöhter Sicherheitsstandards in der Schifffahrt weiter wachsen. Zunehmender Seeverkehr und der Klimawandel sind nur zwei Gründe dafür. Stillstand bedeutet Rückschritt – und so ist zu hoffen, dass dieses Buch dazu beiträgt, neue Freunde und Förderer für die Arbeit der DGzRS zu gewinnen, damit die Seenotretter auch morgen noch nach dem Leitsatz handeln können, den einer unserer Vorleute geprägt hat: „Wir fahren raus, wenn andere reinkommen."

ANNELIESE KRAMER
DIE SEENOTRETTER

VORWORT DES AUTORS

Die BERLIN und die ANNELIESE KRAMER sind die neueste Generation Seenotrettungskreuzer der Deutschen Gesellschaft zur Rettung Schiffbrüchiger (DGzRS). Sie repräsentieren die Spitze einer Entwicklung der mehr als 150-jährigen Geschichte der organisierten Seenotrettung, die im Jahr 1865 mit einfachen Ruderrettungsbooten und klobigen Korkschwimmwesten anfing.

Die neuen Seenotrettungskreuzer erhielten die Projektnamen SK 36 und SK 37, eine übliche „Kodierung" im Schiffbau, um Projekte namensneutral durch die verschiedensten Entwicklungs-, Finanz- und Bauphasen zu steuern. Beide Seenotrettungskreuzer stellen zweifellos das Beste dar, was heute im Schiffbau möglich ist. Unter der Leitung des technischen Inspektors Holger Freese der DGzRS entstand ein Team sehr erfahrener, kenntnisreicher Mitarbeiter und erstklassiger Lieferanten und Subunternehmer.

TWINS blickt zurück auf den ersten, wirklich schnellen Seenotrettungskreuzer, der THEODOR HEUSS, bevor das Buch sich der Entwicklungs- und Baugeschichte der BERLIN und der ANNELIESE KRAMER widmet. TWINS ist ein fotographischer Essay über die Menschen und Betriebe, die SK 36 und SK 37 konstruierten, bauten und in Betrieb nahmen. Das Buch ist ein Ritterschlag für die Seenotrettungskreuzer. Die Bilder, Texte und Bildunterschriften sind so angelegt, dass der interessierte Laie auf eine sehenswerte Fertigungsreise mitgenommen wird und der Fachmann Spaß an einem anspruchsvollen Projekt hat.

An dieser Stelle möchte ich meinen aufrichtigen Dank an all diejenigen aussprechen, die mir geholfen haben, dieses Buch zu realisieren. Bei der DGzRS sind es Inspektor Holger Freese, Vormann Michael Müller sowie Christian Stipeldey und Antke Reemts aus dem Bereich Presse- und Öffentlichkeitsarbeit sowie die Besatzungen der BERLIN, ANNELIESE KRAMER, ERNST MEIER-HEDDE, HERMANN MARWEDE und WALTER ROSE. Joachim Lütten von der Fassmer-Werft war immer eine immense Hilfe; als Werftinsider und Vollprofi hat er den Text auf den Seiten 55–62 verfasst.

Mit einem netten Lächeln haben Werftmitarbeiter immer wieder meiner Kamera die Freude an ihrer Arbeit gezeigt. Viele dieser Bilder sind auf zahlreichen Seiten abgebildet. An Sie alle: Vielen, vielen Dank – Ihre gut gelaunten Gesichter vermitteln ein tolles Betriebsklima und machen dieses Buch einzigartig.

Bei der Hamburgischen Schiffbau-Versuchsanstalt (HSVA) ist Oliver Reinholz mein fachkundiger Informant und Begleiter gewesen. Meinem Freund und Verleger Peter Tamm habe ich dieses Buch zu verdanken. Mein großer Dank gilt auch seinen Verlagsmitarbeitern, insbesondere Stephan Roevenich, der nie aufgab, mein Deutsch, welches doch sehr englischlastig ist (durch meinen britischen Background), zu verbessern.

Und last but by no means least meine Frau Jasmin und meine Töchter Katharina und Annika gehören auf die Dankesliste einfach deswegen, weil sie mich machen lassen. Wie toll ist das!

Peter Neumann
Oktober 2017

Im Jahre 1957
begann mit der
THEODOR HEUSS
die ÄRA der modernen
Seenotrettungskreuzer

Um die Technik der neuen 28-Meter-Seenotrettungskreuzer besser zu verstehen, muss die Uhr um 60 Jahre zurückgedreht werden. Im Jahr 1957 wurde die damals funkelnagelneue 23 Meter lange THEODOR HEUSS abgeliefert und stellte einen Quantensprung im Rettungswesen und der Schiffsbaukunst dar.

Mit der Rumpfkonstruktion hatten die Designer völlig neue Wege beschritten. Schiffe, die reine Verdrängerrümpfe haben, zeichnen sich in der Regel dadurch aus, dass sie eine maximale, nicht zu überschreitende Geschwindigkeit haben. Die sogenannte „Rumpfgeschwindigkeit" steht in direktem Verhältnis zur Länge der Wasserlinie. Somit kann ein Verdränger niemals schneller als seine Rumpfgeschwindigkeit fahren, egal, wie viel Kraft zur Verfügung steht. Die Zugabe von mehr Leistung verursacht lediglich eine immer größer werdende Bugwelle, gefolgt von einem tiefen Tal dahinter. Dieses hält das Schiff regelrecht gefangen, ohne dass es eine Spur schneller wird. Die nachfolgende Hecksee türmt sich ebenfalls hoch auf und die brodelnde Wasserwand kann sogar zur Selbstversenkung führen.

Mit einer Wasserlinienlänge von 20,3 Metern hätte die Rumpfgeschwindigkeit der THEODOR HEUSS exakt bei 9,5 Knoten liegen müssen. Aber mit Leichtigkeit brach sie durch die „Schallmauer des Widerstandes" und lief bis zu 20 Knoten.

Wie geht so etwas?

Ihr Unterwasserschiff zeichnete sich durch einen markanten, nach vorne und zum Kiel hin scharf zulaufenden Stevenbereich aus. Die Mitschiffssektionen waren abgerundet und voll. Achtern wurden die auslaufenden Flächen flach. Die scharfe Vorschiffssektion bewirkte, dass die Bugwelle nach achtern wanderte. So konnte der Rumpf sich selbst gut tragen, ohne sich festzusaugen. Drei starke Maschinen mit insgesamt 1.750 PS verteilten ihre bullige Kraft auf drei Propeller, die eine Geschwindigkeit von bis zu 20 Knoten ermöglichten – und das bei beinahe jeder Wetterlage und jedem Seegang.

Die THEODOR HEUSS verfügte über sagenhafte 25 PS (19 kW) pro Tonne. Jeder der zwei außenliegenden Verstellpropeller wurde von seiner eigenen, in Linie stehenden 200-PS-Dieselmaschine angetrieben. Der mittschiffs positionierte 1.350-PS-MTU-Dieselmotor wirkte nicht nur auf einen großen, dreiblättrigen Festpropeller, sondern er trieb auch die Pumpe der leistungsfähigen Feuerlöschanlage an.

Die Maschinenanlage konnte in verschiedenen Konfigurationen betrieben werden. So hatte die THEODOR HEUSS zum Beispiel mit einer 200-PS-Seitenmaschine und bei vollen Tanks die ungewöhnlich große Reichweite von 6.500 Seemeilen bei neun Knoten.

Im Winter, bei Eisgang, fuhr sie mit der Mittschiffsmaschine allein, da der Mittelpropeller von eisschollenfreiem Wasser umströmt wurde. Ihre Propeller-/

Links, oben: Der obere Fahrstand, unten: Im Maschinenraum. Rechts: Die THEODOR HEUSS vor ihrer späteren Station Laboe.

THEODOR HEUSS

Ruder-Anordnung verlieh dem Seenotrettungskreuzer sagenhafte Manövriereigenschaften, er konnte quasi auf dem Teller drehen.

Die THEODOR HEUSS lag gut in der See, sie hatte einen extrem niedrigen Schwerpunkt, bedingt durch die tief liegende Maschinenanlage sowie durch den Rumpf aus hochfestem Stahl mit leichten Aluminiumaufbauten. Der eingebaute Auftrieb des Rumpfes und die Form der Aufbauten bewirkte, dass der Rettungskreuzer sich selbst aufrichten konnte. Weitere integrale Sicherheitsmerkmale waren die sieben feuer- und wasserdichten Abteilungen sowie eine zweite Außenhaut, die die Diesel-, Wasser- und Kühlwassertanks im Kern des Rumpfes umschloss. Die Konstruktion war darauf ausgelegt, einen harten, seitlichen Schlag wegzustecken oder nach einer Grundberührung weiterfahren zu können.

Das DGzRS-Tochterbootprinzip, eine revolutionäre Erfindung, die 1953 erstmals zum Einsatz kam, wurde weiterentwickelt. Auf der THEODOR HEUSS war das robuste 6,5 m lange und 34 PS starke selbst aufrichtende Tochterboot TEDJE achtern in eine separate Wanne, ausgestattet mit Rampe, Winde, Kielstutzrollen und hydraulischer Heckklappe, eingebaut. Damit war es schnell im Wasser ausgesetzt und wieder geborgen.

Die Bordunterkünfte waren, nach heutigen Maßstäben, nicht gerade eine Fünf-Sterne-Kategorie, aber jeder der Drei-Mann-Stammbesatzung hatte seine eigene Kammer und damit Rückzugsraum. Pantry, Messe, Dusche und Toilette standen allen gemeinsam zur Verfügung.

Technische Daten des 23-m-Seenotrettungskreuzers THEODOR HEUSS

Baujahr	1957
Bauwerft	Schiffs- und Bootswerft Fr. Schweers, Bardenfleth an der Unterweser

Hauptdaten	
Länge über Alles (LüA)	23,2 m
LWL	20,3 m
Breite	5,3 m
Tiefgang	1,4 m
Verdrängung	60 t
Max. Geschwindigkeit	20 kn
Aktionsradius bei Volllast	500 sm
Kapazität (Schiffbrüchige)	75 Pers.

Antriebsanlage	
Mittelmaschine	1 x 1.350 PS Diesel
Seitenmaschinen	2 x 200 PS Diesel
3 Schrauben (2 Verstellpropeller)	

Feuerlöschanlagen	
Feuerlöschanlage	25 m³/h
Fremdlenzanlage	48 m³/h
Schaummittel	150 l
Atemschutzgeräte	2
Atemluftkompressor	1

Navigations-, Kommunikations- und Peilanlagen
Grenzwelle 1,6-4 MHz
UKW-Seefunk, 58 Kanäle
UHF-Flugfunk
Radar
MW/GW/UKW-Peilfunkanlagen
DECCA-Navigator
Echolot
Selbststeueranlage

Rettungsdienstausrüstung
Bordapotheke

Tochterboot TEDJE	
LüA	6,5 m
1 x Dieselmaschine	25 kW
Geschwindigkeit	8,5 kn

In der Vormannskammer

Damals Norm, heute undenkbar: Arbeiten ohne Sicherheitsausrüstung mit dem Tochterboot der THEODOR HEUSS. Bemerkenswert ist die sichtbare Vernietung der Tochterbootwanne – Seenotkreuzer sind heute voll durchgeschweißt.

TEDJE

Zwei Legenden: die HERMANN HELMS und die erste BERLIN

BERLIN
www.seenotretter.de
FURUNO

HERMANN HELMS
SAR
AR

Zur Taufe der BERLIN in Vegesack am 29. Mai 1985, am 120. Geburtstag der DGzRS, sprach Dr. Richard von Weizsäcker, Bundespräsident und Schirmherr der DGzRS, die folgenden unvergesslichen Worte:
„Ich finde, es ist einfach schön, in einem Land zu leben, in dem es einen so großartigen Einsatz für den Mitmenschen gibt, wie die Deutsche Gesellschaft zur Rettung Schiffbrüchiger ihn leistet …

… Die DGzRS ist eine Verbindung von Bürgersinn und Bürgermut: der Bürgersinn, der die Menschen zusammenbringt, um völlig frei von staatlicher Unterstützung selbst die Mittel aufzubringen, die zur Erreichung des Gesellschaftszweckes erforderlich sind, und der Bürgermut derer, die auf den Schiffen Tag und Nacht ihren Dienst tun, um Menschen zu helfen …

… In einer Gesellschaft wie dieser stellt sich nicht die Frage nach dem Sinn des Lebens und dem Sinn der Aufgabe – sie ergibt sich ganz von selbst. Ich danke denen, die diese Schiffe fahren und die Rettung aus Lebensgefahr ihrerseits vollbringen, ebenso auch jenen vielen anderen, die sich der Gesellschaft innerlich verbunden fühlen und ihr die Arbeit durch ihre laufende materielle und geistige Zuwendung ermöglichen.“

Seitdem hat die BERLIN, das Typschiff der damals neuen 27,5-Meter-Klasse, stationiert in Laboe, in etwa 22.500 Seetagen rund 3.500 Einsätze gefahren, etwa 6.000 Menschen entweder gerettet oder aus Gefahr bei Sturm, Nebel, Eisgang und ganz normalem Wetter befreit. Sie hat mehr als 55.000 Meilen in ihrem Kielwasser zurückgelegt.

In Laboe, am Ostausgang des Nord-Ostsee-Kanals, war sie für große wie kleine Schiffe ein ebenso gern gesehenes Wahrzeichen wie das Marine-Ehrenmal. Nicht nur unzählige Surfer, Kiter und Segler verdanken der BERLIN und ihrer Besatzung eine rettende Hand nach dem Abdriften oder Aufgrundlaufen in dem flachen Wasser vor Laboe und Bülk.

Am 12. Juni 2006 schrieb die Frankfurter Rundschau: *„Inferno im Kieler Hafen. Explosionen, riesige Stichflammen und ein See aus Kerzenwachs. Ein Großbrand hatte in der Nacht zum Freitag ein Paraffinlager am Nord-Ostseekanal zerstört …“* Die BERLIN war dabei. Ihre gewaltigen Löschkanonen, die 36.000 Liter Wasser pro Minute bis zu 130 Meter weit ins Feuer schleudern können, leisteten wertvollste Löschdienste.

Die BERLIN und die HERMANN HELMS sind fast identische Schwesterschiffe, sie wurden von der renommierten Lürssen Werft in Vegesack gebaut – und sie waren die zwei bekanntesten Seenotrettungskreuzer der DGzRS.

Historische Bilder: Die BERLIN im Ostseeeis und die HERMANN HELMS vor der Kugelbaake vor Cuxhaven (oben). Rechts: Bundespräsident und DGzRS-Schirmherr Dr. Richard von Weizsäcker während der Taufe der BERLIN am 29. Mai 1985.

27,5-m-Seenotrettungskreuzer BERLIN und HERMANN HELMS

Baujahr	1985
Bauwerft	Fr.-Lürssen-Werft, Bremen, Vegesack

Hauptdaten

LüA	27,5 m
LWL	25,2 m
Breite	6,5 m
Tiefgang	2,1 m
Verdrängung	103 t
Max. Geschwindigkeit	23 kn
Aktionsradius bei Volllast	770 sm
Kapazität (Schiffbrüchige)	145 Pers.

Antriebsanlagen

Mittelmaschine	
1 x MTU 12V 396 TB 93	1.200 kW
Seitenmaschinen	
2 x MWM TBD 234 V12	je 610 kW
Bugstrahler	75 kW

Feuerlöschanlagen

Feuerlöschpumpe 2.200 m³/h
2 x Monitore an der Achterkante des Aufbaus, elektr-./hydraulisch fernbedient, 130 m Wurfweite
2 x mobile Monitore je 114 m³/h, auch für Schaumeinsatz
2 x A- und 4 x B-Anschlüsse an Deck mit Verteilersystem, verschiedenen Schlauchlängen und Strahlrohren

Navigations-, Kommunikations- und Peilanlagen

elektronische Seekarte mit AIS, Radaroverlay
Echograph
Kreiselkompass mit Selbststeuereinrichtung
3 x UKW-Seefunkanlagen
Grenzwellenfunkanlage
Pactor-Anlage für Grenz- und Kurzwellendatenübertragung
SARCOM-Betriebsfunkanlage
Mobiltelefon
PC-Fax
Automatische UKW- und Notfrequenzfunkpfeiler
GMDSS-Handsprechfunkgeräte
Tetra-BOS-Sprechfunk
Personal Locator Beacons (PLB/Person-über-Bord-System)

Zuladungen

Brennstoff ohne Reserve	9.000 l
Schmier- und Hydrauliköl	440 l
Frischwasser	4.000 l
Schaummittel	500 l

Rettungsdienstausrüstung

Bordhospital
Notfallkoffer- und -rucksackset, Halbautomatik-Defibrillator
Sauerstoffbeatmungsanlage
Schlepphaken 10 t SWL
Schleppleinengeschirr
Pneumatisches Leinenwurfgerät (PLT)
Bergungs- und Lenzpumpen, transportabel mit 120 m Kabel für Schleppeinsatz
Lecksegel
Auftriebskörper
Rettungssteg
Atemschutzgeräte und Atemluftkompressor Schleifkorb- und Schaufeltragen, z. T. mit Vakuummatratze
2 x Atemschutzgeräte 300 bar, Reserveflasche
Atemluftkompressor

Tochterboote STEPPKE und BIENE

LüA	8,2 m
Breite	2,5 m
Tiefgang	0,8 m
Verdrängung	4,3 t
1 x Steyr Diesel	184 kW
Geschwindigkeit	17 kn
Aktionsradius bei Volllast	200 sm

UKW, Radar, Echolot, AIS, Plotter, GPS

Kapazität (Schiffbrüchige)	10

Nach wie vor spektakulär – und eine eindrucksvolle Demonstration der Stärke eines Seenotrettungskreuzerrumpfes: HERMANN HELMS bei vollem Orkan im Herbst 1985

HERMANN HELMS

Das Einsatzspektrum der HERMANN HELMS war breit gefächert und umfasste alle denkbaren Notfälle auf See – vom Ozeanriesen bis zum Wattwanderer. Mehr als 2.500 Einsätze und mehrere tausend Kontrollfahrten machte der Seenotrettungskreuzer von 1985 bis 2017 – gemessen an den gefahrenen Seemeilen umrundete er mehr als zwei Mal die Erde. Ein Blick ins Logbuch ergibt einen faszinierenden Einblick in die Aufgaben eines Rettungskreuzers, der an einer der meist frequentierten, gefährlichsten Schifffahrtstraßen der Welt stationiert war.

21. September 1985
Sabine Helms, Tochter von Hermann Helms, Reeder und langjähriger DGzRS-Vorsitzer, tauft den Neubau KRS 15 auf den Namen ihres Vaters. Das Tochterboot wurde BIENE genannt, in Anlehnung an die Taufpatin.

4. Januar 1986
Innerhalb von zehn Tagen kommt es auf der Unterelbe vor Cuxhaven zu drei Kollisionen. Unter anderem stoßen die Frachter BEATRINES und ORANGE CORAL im dichten Nebel zusammen. Die vierköpfige Besatzung der BEATRINES schafft es gerade noch in die Rettungsinsel: Binnen zwei Minuten nach der Kollision sinkt das Küstenmotorschiff. Die HERMANN HELMS rettet die Schiffbrüchigen.

18. Oktober 1987
Mehr als zwölf Stunden lang sind die HERMANN HELMS und die WILHELM KAISEN für den brennenden Frachter COMETA im Einsatz. Er hat Feuerwerkskörper und Styropor geladen. Die Seenotrettungskreuzer kühlen die Bordwand und bringen Feuerwehrleute an Bord. Schlepper nehmen die COMETA zur Brandbekämpfung in einem Hafen auf den Haken.

8./9. November 1989
Während in Berlin Weltgeschichte geschrieben wird, stoßen auf der Nordsee die England-Fähre HAMBURG und der Containerfrachter NORDIC STREAM zusammen. Drei Menschen kommen ums Leben. Die Seenotleitung Bremen koordiniert den Einsatz von SAR-Hubschraubern, die 20 Verletzte ausfliegen. Die HERMANN HELMS leuchtet den Unfallort aus und begleitet die schwer beschädigte Scandinavian-Seaways-Fähre nach Bremerhaven.

16. Dezember 1991
Seewärts laufend, kollidieren auf der Unterelbe der Frachter MERLIN und der Tanker ESSO PARENTIS. Neun Schiffbrüchige gehen von Bord. Fünf nimmt die HERMANN HELMS von einem Rettungsfloß auf, die anderen vier übernehmen die Seenotretter von dem Tanker, der sofort Rettungsmaßnahmen ergriffen hatte. Die MERLIN hat schwere Schlagseite. Die HERMANN HELMS begleitet sie am Haken eines Schleppers nach Cuxhaven.

9. Juli 1991
Zwei historische Fischauktionshallen in Cuxhaven stehen in Flammen. Die HERMANN HELMS und die WILHELM KAISEN legen aus rund 40.000 Litern pro Minute einen Wasserteppich über die Gebäude. Doch die denkmal-

Links: Maschinenraum und Tochterboot der HERMANN HELMS. Rechts: Der obere Fahrstand beim Einlaufen in Cuxhaven.

BERLIN
www.seenotretter.de

geschützten Hallen brennen bis auf die Grundmauern nieder.

21. Juli 1991

Auf Scharhörnriff strandet eine Segelyacht und liegt mit Schlagseite in der starken Brandung. Das Tochterboot BIENE nähert sich und wird mehrmals hart gegen die Bordwand geschleudert. Eine Seglerin stürzt dabei über Bord. Ein Seenotretter setzt ihr nach und kann sie aus der starken Brandung retten. Alle vier Segler gelangen sicher auf die HERMANN HELMS.

1. September 1995

In der Elbmündung gerät das Küstenmotorschiff SWANTJE in Brand. An Bord sind der Kapitän, ein Decksmann und zwei Bordhunde. Der Getreidefrachter droht auf den Großen Vogelsand zu treiben. Bei starkem Seegang wird die Besatzung abgeborgen. Gemeinsam mit der WILHELM KAISEN kühlt die HERMANN HELMS den Rumpf und bewahrt so die wertvolle Ladung vor größerem Schaden. Aufbauten und Maschinenraum brennen aus.

14. November 1996

Wassereinbruch auf dem Küstenmotorschiff MATHIAS unweit des Großen Vogelsandes. Als die HERMANN HELMS am Unfallort eintrifft, schwimmen nur noch Wrackteile, Lukendeckel und Leinen auf dem Wasser. Der Kapitän der MATTHIAS klammert sich im acht Grad kalten Nordseewasser am Tampen eines Fischkutters fest, das Tochterboot BIENE rettet ihn. Die stundenlange Suche nach dem zweiten Mann der MATHIAS bleibt erfolglos.

23. Oktober 1997

Tonnenweise bricht Seewasser durch ein Leck in den Fischkutter MAREIKE hinein. Die HERMANN HELMS trifft im sprichwörtlich letzten Augenblick bei den beiden Fischern acht Seemeilen vor Cuxhaven ein. Ihre zwei großen Lenzpumpen halten den Havaristen schwimmfähig.

Juni 1999

Die HERMANN HELMS nimmt an der International Lifeboat Conference im britischen Poole anlässlich des 175-jährigen Bestehens der Royal National Lifeboat Institution teil. Sie gehört auch im internationalen Vergleich zu den leistungsfähigsten Rettungseinheiten.

27. Mai 2000

Ein Fischkutter hat so starken Wassereinbruch erlitten, dass Aufbauten und Rumpf innerhalb kürzester Zeit unter Wasser liegen. Den Fischern gelingt es noch, über Funk einen Notruf abzusetzen, bevor sie sich nur noch am nassen und kalten Steven ihres Kutters festhalten und auf Rettung warten können. Nur noch die Bugspitze ragt aus dem Wasser, als die HERMANN HELMS die beiden Fischer von ihrem sinkenden Kutter rettet.

6. Januar 2003

Drei Seemeilen nördlich der Kugelbake treibt ein Fuchs auf einer Eisscholle. Immer wieder fällt der „tierische

Links: Drei Wahrzeichen von Laboe, das Marineehrenmal, die Windmühle ... und die BERLIN, das Ostsee-Schwesterschiff der HERMAN HELMS.

Rechts: Der obere Fahrstand, Tochterbooteinsatz vor Stein.

HERMANN HELMS
SAR

Havarist" in die ein Grad kalte Nordsee. Mit einem langen Kescher ziehen die Seenotretter Meister Reineke längsseits des Tochterbootes BIENE und verstauen ihn an Bord in einem Karton. Ein Tierarzt päppelt ihn auf.

1. Mai 2003
In der Cuxhavener Hafeneinfahrt droht das dänische Küstenmotorschiff LINDHOLM mit starkem Wassereinbruch und zehn Menschen an Bord zu sinken. Rund 13 Stunden dauert der dramatische Einsatz der HERMANN HELMS. Ihre leistungsfähigen Lenzpumpen kommen kaum gegen die schwere Leckage an. Schließlich gelingt es den Seenotrettern, das manövrierunfähig treibende Schiff an die Pier zu drücken und den Untergang zu verhindern.

18. Mai 2005
Der Fischkutter CARINA läuft auf den Großen Vogelsand auf. Im sprichwörtlich letzten Moment rettet die Besatzung der HERMANN HELMS die beiden Fischer von Bord. Durch ein Loch im Rumpf dringt Wasser ein, der Kutter geht auf Tiefe.

Ein seltenes Bild aus dem Dezember 2013: Die HERMANN HELMS und die BERLIN treffen sich auf der Ostsee vor Kiel.

5. November 2006
Auf der Bohrinsel Mittelplate, neun Seemeilen nördlich von Cuxhaven, wird ein Arbeiter bei einem Sturz zwischen Anlegeponton und Versorgungsschiff schwer verletzt. Die HERMANN HELMS bringt einen freiwilligen Seenotarzt zur Mittelplate. Die Seenotretter übernehmen die Erstversorgung, bis ein Hubschrauber eintrifft und den Verletzten ins Stadtkrankenhaus Cuxhaven fliegt.

9. November 2006
Bei einem der schwersten Schiffsunglücke der vergangenen Jahre in der Nordsee sinkt der Fischkutter HOHE WEG 16 Seemeilen südlich von Helgoland nahe der Untiefe „Nordergründe". Die vierköpfige Besatzung kommt bei stürmischem Westwind mit acht Beaufort und starkem Seegang ums Leben. Fünf Seenotrettungskreuzer suchen den Kutter. Die HERMANN HELMS findet seine automatische Seenotfunkboje. Im Laufe der Nacht kommen zahlreiche Fischkisten, Ausrüstungsteile und eine aufgeblasene, unbemannte Rettungsinsel hinzu. Tage später ortet ein Wracksuchschiff die gesunkene HOHE WEG.

1. Dezember 2011
Auf dem ägyptischen Frachter ABU RDEES bricht auf der Außenelbe Feuer aus. Mit Feuerwehrleuten an Bord nimmt die HERMANN HELMS Kurs auf den in Ballast fahrenden Frachter. Der 37-köpfigen Besatzung gelingt es mit Bordmitteln, den Brand unter Kontrolle zu bringen. Fünf Seeleute werden mit Verdacht auf Rauchgasinhalation behandelt.

Der Weg vom Entwurf auf Papier zur Kiellegung in Aluminium

Neue Seenotrettungskreuzer bei der HSVA

Dipl.-Ing. Oliver Reinholz/Projektmanager
Hamburgische Schiffbau-Versuchsanstalt

Im Oktober 2013 erhielt die Fassmer-Werft den Auftrag für die Konstruktion und den Bau von zunächst drei Schiffen einer neuen 28-Meter-Seenotrettungskreuzer-Klasse. Diese sollten die 27,5-Meter-Einheiten, die nach mehr als 30 Jahren Dienstzeit Schritt für Schritt ausgemustert werden, ersetzen. Dieser Auftrag, ein Teil der turnusgemäßen Flottenerneuerung der Deutschen Gesellschaft zur Rettung Schiffbrüchiger (DGzRS), unterstreicht die langjährige und erfolgreiche Zusammenarbeit zwischen den Seenotrettern und der Werft in Berne an der Unterweser.

Der erste Neubau der neuen Klasse ersetzte den auf Amrum stationierten Kreuzer VORMANN LEISS. Als Serien-Prototyp wurde das neue Schiff 2015 anlässlich des 150-jährigen Bestehens der DGzRS feierlich in Bremerhaven getauft und an die Gesellschaft übergeben. Mit einer Länge von 27,90 Meter über Alles liegt die neue Schiffsklasse zwischen den ebenfalls von Fassmer gebauten 20-Meter- und 36,5-Meter-Schiffen aus den Jahren 2009 beziehungsweise 2012 und markiert die dritte von der Werft und der Gesellschaft in Kooperation neu entwickelte Kreuzerklasse der letzten Jahre. Bei einer Breite von ca. 6,00 Meter in der Wasserlinie und einem Tiefgang von 1,80 Meter verdrängt der Rumpf knapp 120 Tonnen. Zwei Hauptmaschinen mit einer Leistung von insgesamt fast 3.000 kW verhelfen den Schiffen zu einer Höchstgeschwindigkeit von 24,0 Knoten. In Bezug auf die Schiffslänge entspricht das einer rasanten Froude-Zahl* von

HSVA-Techniker bereiten das selbstfahrende 1:17-Modell für Tests bei Seegang im 300 Meter langen Tank vor.

** Die Froude-Zahl ist eine dimensionslose Zahl, die das Verhältnis von Erdbeschleunigung (g), Schiffsgeschwindigkeit (V) und der Schiffslänge (L) in der mathematischen Gleichung (Fn = V/(g*L)^0.5) darstellt. Sie wird zur Beschreibung von Schiffswellen verwendet. Da dimensionslos, ermöglicht sie Untersuchungen von Wellenauswirkung und Wellenwiderstand an maßstabsgerecht skalierten Schiffsmodellen. Dabei muss die Froude-Zahl von Modell und Großausführung identisch sein. Eine niedrige Froude-Zahl von z. B. 0,15 weist auf langsame Verdrängerfahrt z. B. eines Handelsschiffs hin, eine hohe Zahl (größer als 1,0) beschreibt die Gleitfahrt z. B. eines schnellen Motorboots.*

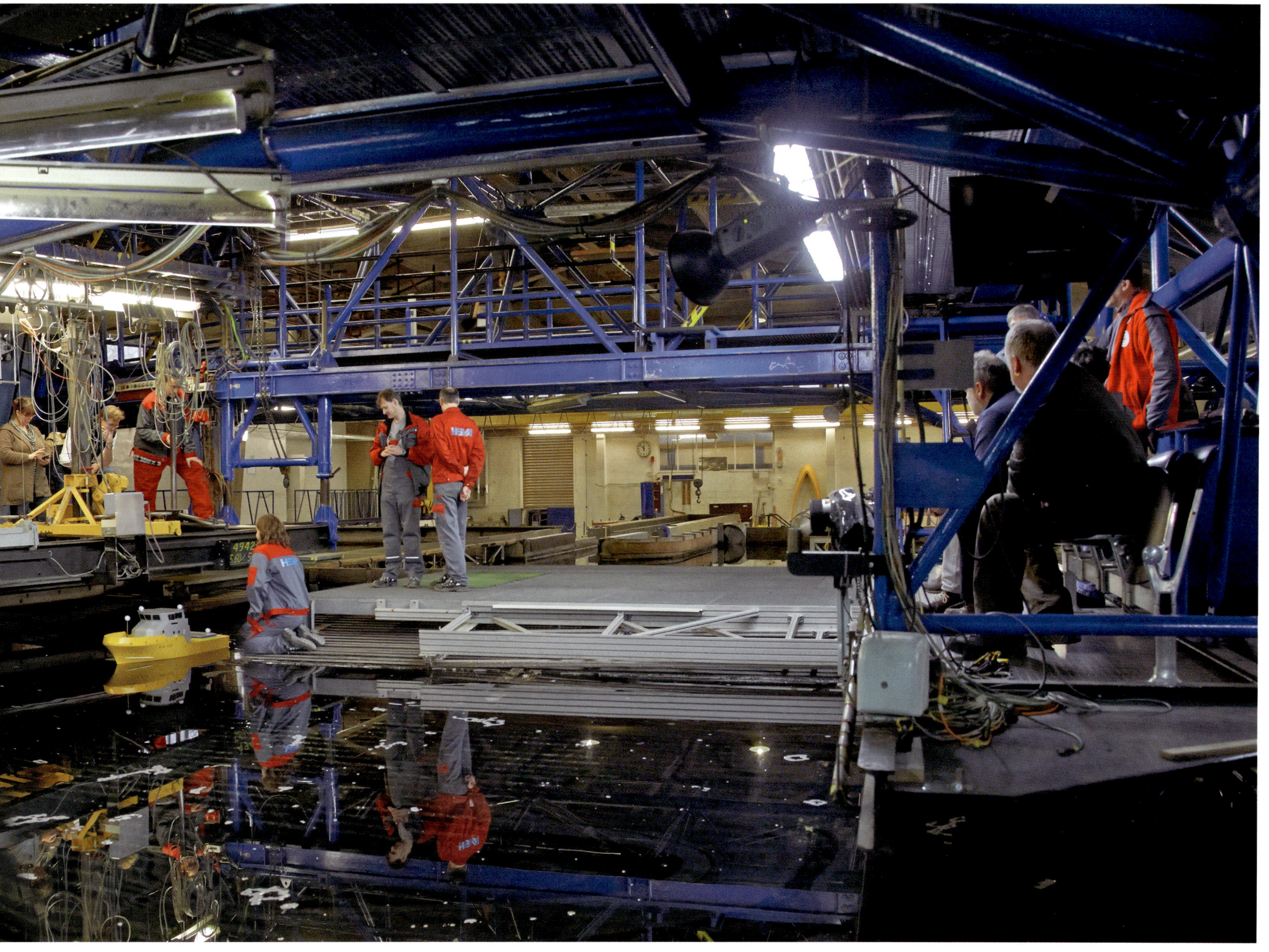

fast 0,8 – gleichbedeutend mit dem Übergang von schneller Verdrängerfahrt zum Halbgleiten. Zwingende Voraussetzung für diese hohen Geschwindigkeiten sind ausgeklügelte und optimierte Rumpflinien, eine Leichtbaukonstruktion aus Aluminium für eine schlanke Verdrängung sowie optimale Hauptabmessungen.

Typisch für alle deutschen Rettungskreuzer-Einheiten – und somit ebenfalls an Bord der neuen 28-Meter-Schiffe – ist das Tochterboot. Gestaut in einer eigenen Wanne im Heck des Schiffes und ausgebracht über eine Heckklappe, führt es schnelle Rettungs-, Bergungs- und Schleppoperationen durch, wenn das Mutterschiff aufgrund seiner Größe und seines Tiefgangs in beschränkten oder flachen Gewässern dazu nicht in der Lage ist. Ebenso wie das Mutterschiff ist auch das Tochterboot als Selbstaufrichter konstruiert, um nach einem Kentern sofort die schnelle Rückkehr in die sichere, aufrechte Schwimmlage zu gewährleisten.

Um das hydrodynamische Design der neuen Kreuzerklasse zu verfeinern und eine maximale Endgeschwindigkeit bei gleichzeitig ausgezeichnetem Seegangsverhalten zu ermöglichen, wurde die Hamburgische Schiffbau-Versuchsanstalt (HSVA) ins Team Fassmer/DGzRS geholt. In umfangreichen Modellversuchen im Glattwasser sowie im Seegang wurde der Schiffsentwurf auf Herz und Nieren geprüft, um die Grenzen seiner Leistungsfähigkeit auszuloten und soweit wie möglich zu erweitern.

Eine möglichst hohe Schiffsgeschwindigkeit sowie ein stabiles und sicheres Verhalten in schwerer See sind überlebenswichtige Eigenschaften eines Seenotrettungskreuzers. Hohe Geschwindigkeiten sind nötig, um die unter Umständen weit auf offener See liegenden Einsatzorte schnell erreichen zu können. Gleichzeitig muss das Schiff zu jeder Zeit auch in extremen Wetterlagen stabil und kontrollierbar bleiben, sodass die Schiffsbesatzung auf größtmögliche Sicherheit während der Einsätze vertrauen kann. In der Linienentwicklung eines Schiffes verhalten sich diese beiden Aspekte generell – und im Fall eines Rettungskreuzers im Spe-

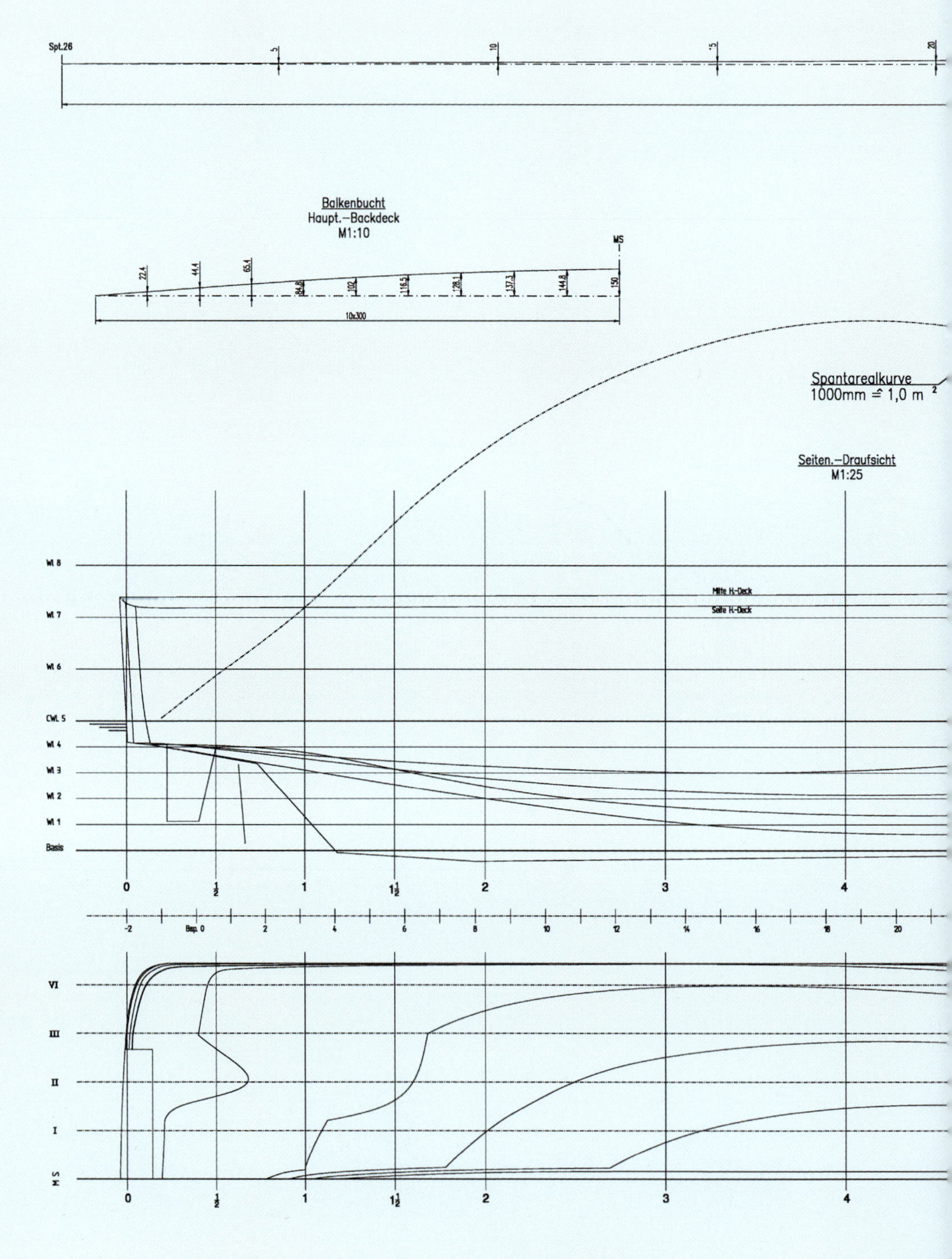

Die schlanken Linien der neuen 28-Meter-Seenotrettungskreuzer

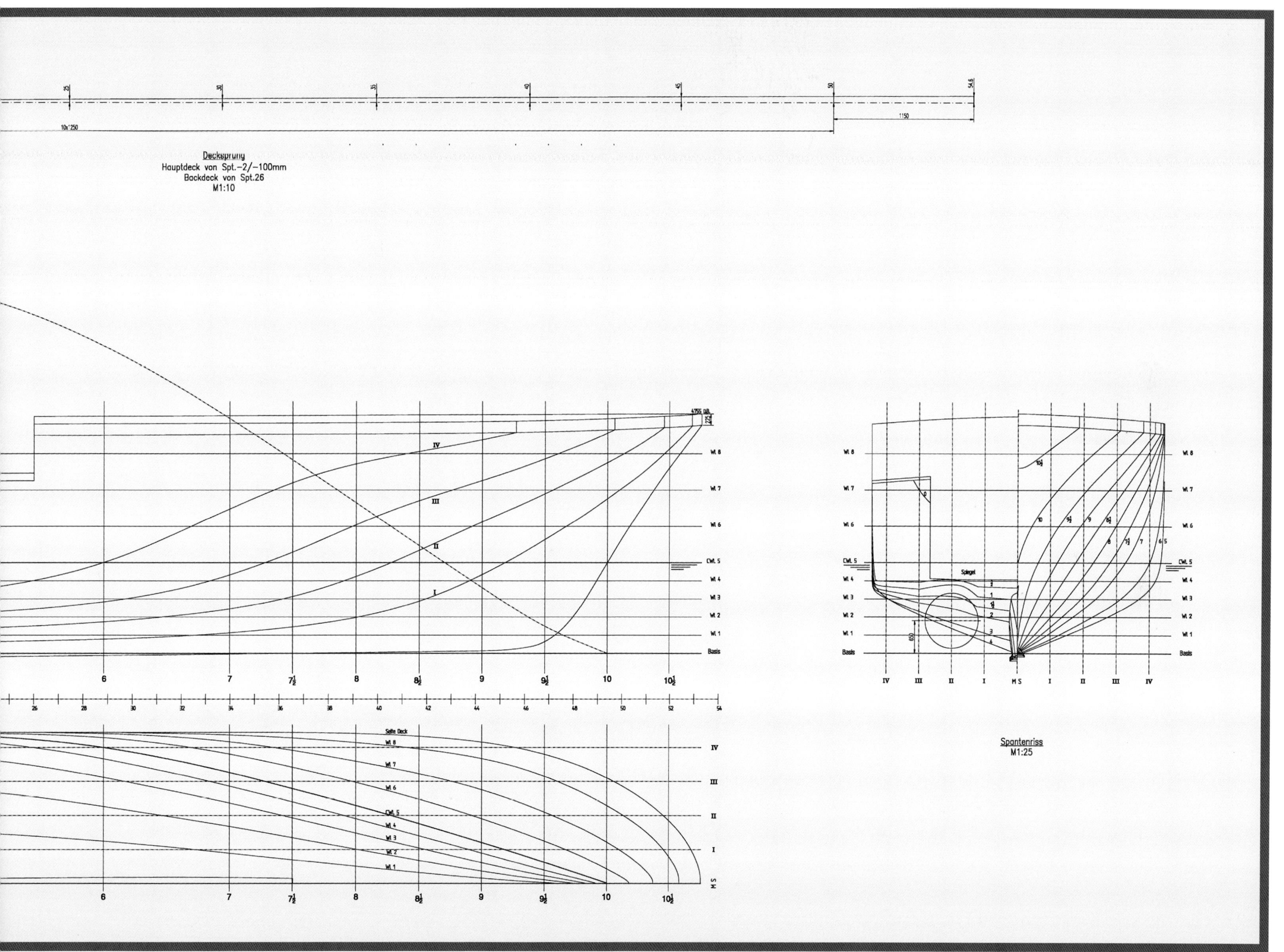

Decksprung
Hauptdeck von Spt.-2/-100mm
Backdeck von Spt.26
M1:10
Spantenriss
M1:25

ziellen – konträr. Ein Schiffsentwurf ist somit immer ein Kompromiss aus allen Anforderungen, die der tägliche Schiffsbetrieb mit sich bringt.

Die Linien der 28-Meter-Klasse basieren auf dem erprobten Rumpf der 20-Meter-Schiffe. Jedoch mussten die Linien entsprechend angepasst und modifiziert werden, um die Anforderungen an die neue 28-Meter-Klasse zu erfüllen. Die Erfahrungen und Erkenntnisse der DGzRS und ihrer Besatzungen spielten in diesem Zusammenhang eine bedeutende Rolle. Die hohe Froude-Zahl als Folge der höheren Maximalgeschwindigkeit im Vergleich zu den 20-Meter-Schiffen erforderte besonderes Augenmerk auf eine entsprechende Linienentwicklung.

Für die umfangreichen Modellversuchsreihen in den Einrichtungen der HSVA in Hamburg-Barmbek wurde ein Modell im Maßstab 1:6 verwendet. Alle Anbauten der Großausführung, zum Beispiel die Wellen- und Ruderanlage, wurden entsprechend skaliert auch am Modell detailgetreu berücksichtigt.

In mehreren Schritten wurden verschiedene Maßnahmen zur Leistungsoptimierung – beispielsweise die Drehrichtung der Propeller sowie Staukeile am Heck und Spritzleisten im Vorschiff – systematisch auf ihren Einfluss hinsichtlich der Leistungsaufnahme des Schiffes untersucht. Abseits von der erreichbaren Schiffsgeschwindigkeit und der dabei eingesetzten Leistung der Hauptmaschinen spielen jedoch auch andere Aspekte eine wichtige Rolle im Hinblick auf einen sicheren und optimalen Schiffsbetrieb. Hierzu gehören zum Beispiel die Gischtentwicklung am Vorschiff oder das dynamische Trimmverhalten des Schiffes bei schneller Fahrt.

Als direkte Folge der Modellversuche im Glattwasser konnte sichergestellt werden, dass die Schiffsgeschwindigkeit von 24,0 Knoten mit einer sinnvollen

Gegenan bei hoher Geschwindigkeit: Das 1:17-Modell für Seegangsversuche wurde mit Schanzkleid und Aufbauten gebaut, um das Verhalten von an Deck genommenen Wassers zu analysieren. Die reflektierenden Kugeln dienen der Aufzeichnung der Schiffsbewegungen.

10
9
8
7
HSVA 4932

10
9
8
7
6
5
HSVA 4932

Hauptmaschinenleistung von unter 3.000 kW gewährleistet werden kann. Dies ist in Anbetracht der Betriebskosten des Schiffes ein wichtiger Pluspunkt.

Die nächste Hürde, die die neue Schiffsklasse nehmen musste, stellten die Seegangsversuche im Tank der HSVA dar. Hierfür kam ein im Maßstab 1:17 gebautes, freifahrendes und ferngesteuertes Modell zum Einsatz. Um seine Leistungsfähigkeit zu ermitteln, wurde der Schiffsentwurf in maßstabsskalierten Wellen von bis zu sieben Metern Höhe in schräg anlaufender, seitlicher und der besonders gefürchteten nachlaufenden See bis an seine sicheren Grenzen und darüber hinaus getestet.

Das Überkommen gewaltiger Brecher sowie die Übernahme großer Wassermassen beim Anfahren gegen die See stellt für jedes Schiff eine erhebliche Belastung und Gefahr dar. Aus diesem Grund wurde die neue Kreuzerklasse ebenso ausgiebig in diesen Seegängen untersucht. Dabei konnten wichtige Entwurfsaspekte wie der Spantausfall im Vorschiff sowie die Anordnung der nach vorne gerichteten Brückenfenster und des Schanzkleids eingehend überprüft werden. Es zeigte sich, dass die Geometrie und Anordnung der Aufbauten eine große Effektivität bei Seeschlag von vorne bewies.

Die Sicherheit der Besatzung in schwerer See ist von herausragender Bedeutung. Um die Auswirkungen von starken Schiffsbewegungen auf die Besatzung zu quantifizieren, wurden mehrere Beschleunigungsmesser im Modell vorgesehen, so zum Beispiel am Steuerstand und in den Arbeitsbereichen im Vor- und Achterschiff.

Starker Seegang von der Seite verursacht große Rollbewegungen – für Schiff und Besatzung bedeutet das Rock and Roll bei Raumgang.

Eine wichtige Erkenntnis aus den Seegangsversuchen ist das sogenannte „Propeller Racing“. Bei diesem Effekt handelt es sich um ein Ventilieren oder vollständiges Austauchen eines oder beider Propeller aufgrund starker Schiffsbewegungen im Seegang. Sobald der Propeller das Wasser verlässt, verringert sich die Propellerbelastung schlagartig – es kommt zu einem sofortigen Schubverlust und gefährlich starkem Anstieg der Propellerdrehzahl. Beschädigungen an den Maschinenaggregaten im betreffenden Wellenstrang sind unter Umständen die Folge. Aufgrund dieser Erkenntnis werden alle Schiffe der 28-Meter-Klasse mit automatischen Drehzahlbegrenzern ausgestattet.

Die Seegangsversuche zeigten deutlich, dass hohe Seegänge, die während der künftigen Einsatzzeit an den norddeutschen Küsten durchaus regelmäßig zu erwarten sind, zu ausgeprägten Schiffsbewegungen führen können. Sie haben jedoch ebenso deutlich bewiesen, dass die neuen Seenotrettungskreuzer trotz ihrer relativ kleinen Abmessungen im Vergleich zu den Dimensionen einer ausgewachsenen Welle robuste Schiffe für den Einsatz in Nord- und Ostsee sind und auch in extremen Wetterlagen beherrschbar und zuverlässig bleiben.

Mittlerweile haben alle drei Einheiten der 28-Meter-Klasse ihre umfangreichen Probefahrten und Abnahmeprüfungen auf der Nordsee erfolgreich absolviert und die Geschwindigkeitsprognosen der HSVA fast auf den Punkt genau bestätigt. Alle drei Schiffe übertreffen die Zielgeschwindigkeit leicht um 0,1 Knoten. Die ersten Rückmeldungen der Besatzungen, die sich mit ihren neuen Schiffen mittlerweile im täglichen Einsatz befinden, belegen das gute Seegangsverhalten – beste Voraussetzungen für lange und erfolgreiche Dienstzeiten.

See von achtern, der wilde Surf auf sieben Meter hohen Wellen ist für jedes Schiff eine Herausforderung. Der simulierte Seegang im großen Schlepptank der Hamburgischen Schiffbau-Versuchsanstalt (HSVA) bringt das 1:17-Modell an seine Grenzen, um Gefahren im Vorfeld zu erkennen und das spätere Original davor zu bewahren. Auf dem Bild links: Propeller-Racing auf der Backbordseite (siehe Text oben).

SAR

Die ERNST MEIER-HEDDE (links und oben) war der erste der zunächst drei in Auftrag gegebenen 28-Meter-Seenotrettungskreuzer, der seinen Dienst unmittelbar nach dem 150-jährigen Jubiläum der DGzRS im Juni 2015 aufnahm. Stationiert auf Amrum, hat sie ein schwieriges Revier: Hinter Amrum, nach Osten, reißende Ströme und kurze, steile Wellen in den Prielen des nordfriesischen Wattenmeergebietes und vor Amrum, nach Westen, die offene Nordsee mit auflandigen Stürmen, die gefährliche Grundseen vor sich hertreiben.

In der Zeit zwischen ihrer Stationierung im Wittdüner Hafen und dem Baubeginn der nächsten beiden Schiffe SK 36 und SK 37 hat sich die ERNST MEIER-HEDDE (DGzRS-interne Bezeichnung SK 35) bestens bewährt. Die nachfolgenden Zwillinge sind deshalb nahezu identisch mit dem Typschiff.

ERNST MEIER-HEDDE
LOTTE

28-m-Seenotrettungskreuzer ERNST MEIER-HEDDE (links)/BERLIN/ANNELIESE KRAMER

Baujahr	2015–2017
Bauwerft	Fassmer-Werft, Berne/Unterweser

Stationen/Indienststellung

ERNST MEIER-HEDDE	Amrum/Mai 2015
BERLIN	Laboe/Februar 2017
ANNELIESE KRAMER	Cuxhaven/Juni 2017

Hauptdaten

LüA	27,9 m
LWL	26,0 m
Breite	6,2 m
Tiefgang	1,9 m
Verdrängung	120 t
Max. Geschwindigkeit	24 kn
Aktionsradius bei Volllast	800 sm
Kapazität (Schiffbrüchige)	145 Pers.

Antriebsanlagen

2 x MTU 16V 2000 M72	je 1.440 kW
2 x ZF 5000D Schiffswendegetriebe	
Schleichfahrteinrichtung	
Bugstrahler	75 kW

Feuerlöschanlagen

Feuerlöschpumpe	220 m³/h
Monitor, ferngelenkt, 80 m Wurfweite	
verschiedene Schlauchlängen und Strahlrohre	
Handschaumrohr	

Navigations-, Kommunikations- und Peilanlagen

elektronische Seekarte mit AIS, Radaroverlay
Echograph
Kreiselkompass mit Selbststeuereinrichtung
3 UKW-Seefunkanlagen
Grenzwellenfunkanlage
Pactor-Anlage für Grenz- u. Kurzwellen-Datenübertragung
SARCOM-Betriebsfunkanlage
automatische UKW- und Notfrequenz-Funkpeiler
GMDSS-Handsprechfunkgeräte
Mobiltelefon
Tetra-BOS-Sprechfunk
Personal Locator Beacons (PLB/Person-über-Bord-System)

Zuladungen

Brennstoff ohne Reserve	15.000 l
Schmier- und Hydrauliköl	1.500 l
Frischwasser	4.000 l
Grau-/Schwarzwasser	2.500 l

Rettungsdienstausrüstung

Mehrzweckraum mit Behandlungsfläche	
Notfallkoffer- und -rucksackset	
Automatik-Defibrillator (AED)	
Sauerstoffbeatmungsanlage	
Tochterboot: Notfallrucksack	
Schlepphaken	7 t SWL
Schleppleinengeschirr	
Pneumatisches Leinenwurfgerät (PLT)	
Bergungs- und Lenzpumpen	2 x 48 m³/h
Auftriebskörper	2 x 1m³
Lecksegel, Kletterrettungsnetz, Rettungssteg	
Atemschutzgeräte und Atemluftkompressor	
Schleifkorb- und Schaufeltragen, z. T. mit Vakuummatratze	

Tochterboot LOTTE/STEPPKE/MATHIAS

LüA	8,2 m
Breite	2,9 m
Tiefgang	0,8 m
Verdrängung	4,3 t
1 x Steyr Diesel	170 kW
Geschwindigkeit	19 kn
Intercomsystem, GPS, Handfunkgeräte	

Werft der Seenotrettungskreuzer:

FASSMER

Seit Menschengedenken wurden an den Ufern der Unter- und Außenweser Boote und Schiffe jeglicher Couleur gebaut. In prähistorischen Zeiten waren es zuerst Einbaum-Boote, dann kleine Arbeits-, Torf- und Fischerboote. Und als die Bootsbaufähigkeiten reiften, wurden die Schiffe komplexer, besser und größer.

Anfang des 12. Jahrhunderts gründeten seefahrende Kaufleute an der Ost- und Nordsee einen Interessenverband, die Hanse, eine Institution, mit der sie ihren Schiffen und Waren Sicherheit über knapp vier Jahrhunderte gaben. Die Schiffe, sogenannte Koggen, waren geriggt mit einem einzigen Rahsegel, die Rumpflinien waren füllig und die Schiffskörper aus Holz, meistens Eiche, gebaut und konnten etwa 80 Tonnen Ladung transportieren. Lebendiger Zeitzeuge dieses Schiffstyps ist die BREMER KOGGE von 1380. Mit an Sicherheit grenzender Wahrscheinlichkeit wurde sie auf dem Teerhof, mitten im heutigen Bremen, einer Halbinsel zwischen der Weser und der kleinen Weser, gebaut und 600 Jahre später, 1962, bei Hafenerweiterungsarbeiten, bestens durch Weserschlick konserviert, wiederentdeckt.

Windjammer von der Weser sind legendär, speziell jene von der Tecklenborg-Werft, gegründet 1841. Zu diesen Meisterwerken, alle für die Reederei F. Laeisz gebaut, gehören die Fünfmastbark POTOSI (1895), das Fünfmast-Vollschiff PREUSSEN (1902) und die Viermastbark PADUA (1926), heute die KRUZENSHTERN. Ihre Geschichten füllen ganze Bücherregale.

Mitte des 19. Jahrhunderts war es üblich, für nicht-erbberechtigte Bauernsöhne und anderes Jungvolk aus den Marschgebieten zwischen Jade und Elbe, lohnende Arbeit an Bord der Segel- und Fischereiflotten zu finden. Sie ließen sich ausbilden, stiegen die Karriereleiter hoch, wurden Steuerleute und Kapitäne und beteiligten sich an den Schiffen, auf denen sie fuhren. Im Winter wurden diese vielfach in Eigenarbeit überholt und so entstanden zahlreiche kleine Werften entlang der Weser.

Etwa zur gleichen Zeit, im Jahr 1850, gründete ein junger Bootsbauer, Johannes Fassmer, seine eigene Werft in Bardenfleth. In seinem Ein-Mann-Betrieb, nördlich von Bremen, am Westufer der Weser, fertigte er für Reeder, Fischer und Bauern der Umgebung Boote und kleine Schiffe aus Holz.

Als 1910 Johannes Fassmers Sohn Friedrich in den Betrieb eintrat, erweiterte er Vaters Fertigungspalette mit Sportbooten aus Holz. Nach dem Tod Friedrichs, zehn Jahre später, übernahm sein Sohn Hans das Ruder und erweiterte das bestehende Programm um Tenderboote für die deutsche Marine. Unter seiner Ägide entstanden 1938 die ersten Boote aus Stahl und 1948 die ersten Boote aus Aluminium – damals ein Wunderwerkstoff. 1956 baute die Werft ein Rettungsboot mit Porsche-Motor für ein vor Anker liegendes Feuerschiff und im gleichen Jahr die ersten Boote aus GFK, einem Material, das die Welt des Bootsbaus noch stark verändern sollte.

Fassmer Schiffbau im niedersächsischen Landkreis Wesermarsch
Im Vordergrund der Betrieb in Bardenfleth, im Hintergrund die großen Hallen in Motzen

FASSMER
JADE

1960 trat die vierte Generation, Friedrich und Heinz Fassmer, in die Firma ein. Ein Jahr später beauftragten sie den Bau neuer Betriebswerkstätten in Motzen, etwa 3.000 Meter nördlich von Bardenfleth. Die neue Werft nahm fünf Jahre später den vollen Betrieb auf und erlangte in den siebziger Jahren eine hervorragende Reputation für den Bau von Feuerlöschbooten, Fähren sowie GFK-Rettungsbooten für jeglichen Typ Seeschiff.

Holger und Harald vertreten die fünfte Fassmer-Generation – Holger trat 1985 in die Firma ein, Harald im Jahr 1992. In ihrer Zeit ist die Werft kräftig gewachsen. 2012 übernahmen sie die 26.500 Quadratmeter großen Liegenschaften der Schiffs- und Bootswerft Schweers in Bardenfleth auf der anderen Seite des Deiches, wo einst Ur-Ur-Ur-Ur-Großvater Johannes seine Firma gegründet hatte. Dort, bei Schweers, wurde die THEODOR HEUSS 1957 gebaut; die sagenhaften 44-Meter-Seenotrettungskreuzer JOHN T. ESSBERGER, HERMANN RITTER und WILHELM KAISEN entstanden ebenfalls hier an gleicher Stelle.

Heute beschäftigt die Fassmer-Werft in ihrem Hauptsitz in Berne 436 Mitarbeiter, davon 50 in der Verwaltung, 98 in Design und Konstruktion sowie 288 in der Fertigung. Seit 1987 sind in Kleinserien rund 40 vorbildliche Rettungskreuzer und -boote von sieben bis 46 Meter Länge für die DGzRS entstanden. Drei weitere Einheiten sind augenblicklich bei der Werft im Bau (Stand: August 2017).

Aber nicht nur das, das Unternehmen mit insgesamt mehr als 1100 Angestellten und sieben weiteren Produktionsstätten weltweit, ist in sechs weiteren, soliden Geschäftsbereichen erfolgreich aktiv. Das größte und wichtigste Standbein ist die Fertigung geschlossener Rettungs- und Tenderboote für Kreuzfahrtschiffe. Abnehmer sind unter anderem Cunard, AIDA Cruises, Norwegian Cruise Line, TUI Cruises und Royal Carribbean.

Weitere Fassmer-Geschäftsbereiche sind Schiffbau, Decksausrüstungen, Windenergie, Faserverbundtechnik und der After-Sales- und Service-Bereich. Die Schiffbauproduktpalette erstreckt sich von Schleppern über Forschungsschiffe, Fähren, Passagierschiffe, Yachten, Behörden- und Marineschiffe, bis hin zum 58-Meter-Motorsegler RAINBOW WARRIOR III, wohl eines der grünsten Schiffe der Welt. Sie wurde 2011 an Greenpeace übergeben.

Einen weiteren Vorreiter ökologisch sinnvoller Technik stellt das neue 83-Meter-Seebäderschiff HELGOLAND dar. Abgeliefert 2015, ist sie der erste EU-weite Neubau mit einer auf LNG (Flüssiggas) basierenden Antriebstechnik.

„Flaggschiff" der DGzRS Flotte: 46-Meter-Seenotrettungskreuzer HERMANN MARWEDE, Baujahr 2003

HERMANN MARWEDE
SAR

HARRO KOEBKE
SAR
B5

Weitere Seenotrettungskreuzer und -boote made by Fassmer zwischen 1992 und 2017. Linke Seite: 36,5-Meter-Seenotrettungskreuzer HARRO KOEBKE, Bj. 2012. Auf dieser Seite: ***A:*** *28-Meter-Seenotrettungskreuzer, Bj. 2015–2017, ERNST MEIER-HEDDE, BERLIN und ANNELIESE KRAMER.* ***B:*** *20-Meter-Seenotrettungskreuzer, Bj. 2008–2018, EISWETTE, EUGEN, THEODOR STORM, PIDDER LÜNG sowie zwei weitere Einheiten im Bau (Stand: August 2017).* ***C:*** *10,1-Meter-Seenotrettungsboote, Bj. 2005–2017, KURT HOFFMANN, HORST HEINER KNETEN, NAUSIKAA, KONRAD-OTTO, HANS DITTMER, SECRETARIUS sowie eine weitere Einheit im Bau (Stand: August 2017).* ***D:*** *8,5-Meter-Seenotrettungsboote, Bj. 1987–1994, ASMUS BREMER, MARIE LUISE RENDTE, FRANZ STAPELFELDT, GÜNTHER SCHÖPS, GERHARD TEN DOORNKAAT, KARL VAN WELL, DORNBUSCH, CASSEN KNIGGE, PUTBUS, JUIST/WALTER MERZ, OTTO BEHR, HELLMUT MANTHEY, HERMANN ONKEN, JENS FÜERSCHIPP, CREMPE, BALTRUM, BOTTSAND, STRALSUND.* ***E:*** *8,2-Meter-Tochterboote, Bj. 2015–2017, LOTTE, STEPPKE, MATHIAS.* ***F:*** *7-Meter-Seenotrettungsboote, Bj. 1993, ZANDER, HECHT, BARSCH, BUTT/WUPPERTAL.*

Bau der Seenotrettungskreuzer SK 36 und SK 37 sowie deren Tochterboote TB 40 und TB 41

Entwicklung und Bau des Typs 28-Meter-Seenotrettungskreuzer

Dipl.-Ing. Joachim Lütten/Entwurf und Theorie/Fassmer-Werft

Der Entwurf

Der Entwurf eines Seenotrettungskreuzers ist etwas Besonderes. Entsprechend den qualitativ hohen Anforderungen an diesen Schiffstyp sind auch die Ansprüche und Erwartungen des Kunden, der DGzRS, sehr groß. Das betrifft sowohl die Eigenschaften des Schiffes wie Geschwindigkeit und Seegangsverhalten als auch die Qualität der gesamten Konstruktion und Ausführung.

Die DGzRS als Auftraggeber bringt für den Planungsprozess etwas sehr Wertvolles mit: 150 Jahre Erfahrung in der Seenotrettung. Die wesentlichen Entwurfskriterien für einen Seenotrettungskreuzer sind:

- die Sicherheit vor Kentern oder Sinken;
- die Seetauglichkeit, die auch bei schlechtesten Wetterverhältnissen die Manövrierfähigkeit und gute Geschwindigkeit garantiert;
- die Geschwindigkeit, die die rechtzeitige Rettung am Einsatzort gewährleistet.

Welchen Einfluss haben diese Kriterien auf den Entwurf?

- Die Sicherheit verlangt ein stabiles und robustes Schiff, das so konzipiert ist, dass es sicher im Wasser liegt und nicht ohne Weiteres kentert. Sollte dieser Fall dennoch eintreten, muss es sich wieder aufrichten können, selbst wenn es dazu über Kopf gezwungen wird! Die Struktur muss allen Wellenformen standhalten und darf auch über Kopf nicht nachgeben oder versagen. Sollte das Schiff trotz allem leckschlagen, wenn es zum Beispiel bei flachem Wasser auf Steine oder ein Riff trifft, dann sichert eine doppelte Außenhaut das Überleben des Schiffes. Es darf daher nicht zu schlank sein und muss mit ausreichend dicken Platten und Steifen versehen werden.
- Für die Seetauglichkeit müssen schlanke Linien das Durchfahren des Seegangs erleichtern. Ein ausreichend großer Tiefgang ist nötig, damit das Schiff nicht wie ein Korken der See ausgeliefert ist. Eine kräftige Antriebsleistung, robuste Ruder und ein Bugstrahlruder sollen ein sicheres Manövrieren gewährleisten.
- Ein Schiff wird schnell, wenn es leicht konstruiert ist; ein geringer Tiefgang hilft, Gleiteffekte zu nutzen.

Die oben genannten Entwurfskriterien sind nicht nur unterschiedlich, sondern zum Großteil auch widersprüchlich – aber das ist nicht neu. Viele Seenotkreuzer wurden bereits für diese Bedingungen ausgelegt und die über lange Jahre von der DGzRS gesammelten Erfahrungen sind produktiv in den Entwurf eingeflossen.

Fassmers Schiffbauhallen in Berne-Motzen, im niedersächsischen Landkreis Wesermarsch

FASSMER
FASSMER

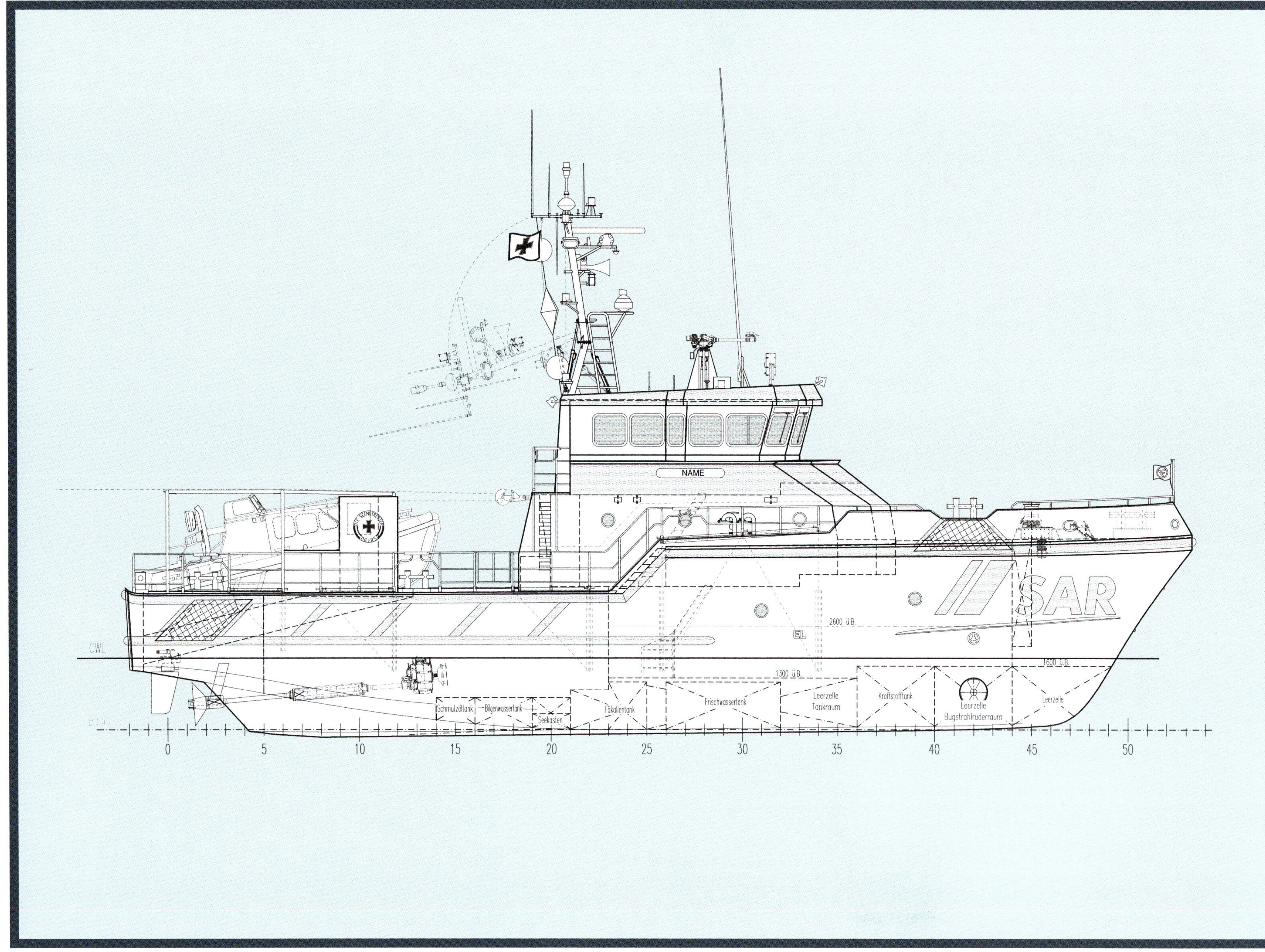
NAME
SAR
CWL
2600 ü.B.
1600 ü.B.
1300 ü.B.
EL
Schmutzöltank
Bilgenwassertank
Seekasten
Fäkalientank
Frischwassertank
Leerzelle
Tankraum
Kraftstofftank
Leerzelle
Bugstrahlruderraum
Leerzelle
0
5
10
15
20
25
30
35
40
45
50

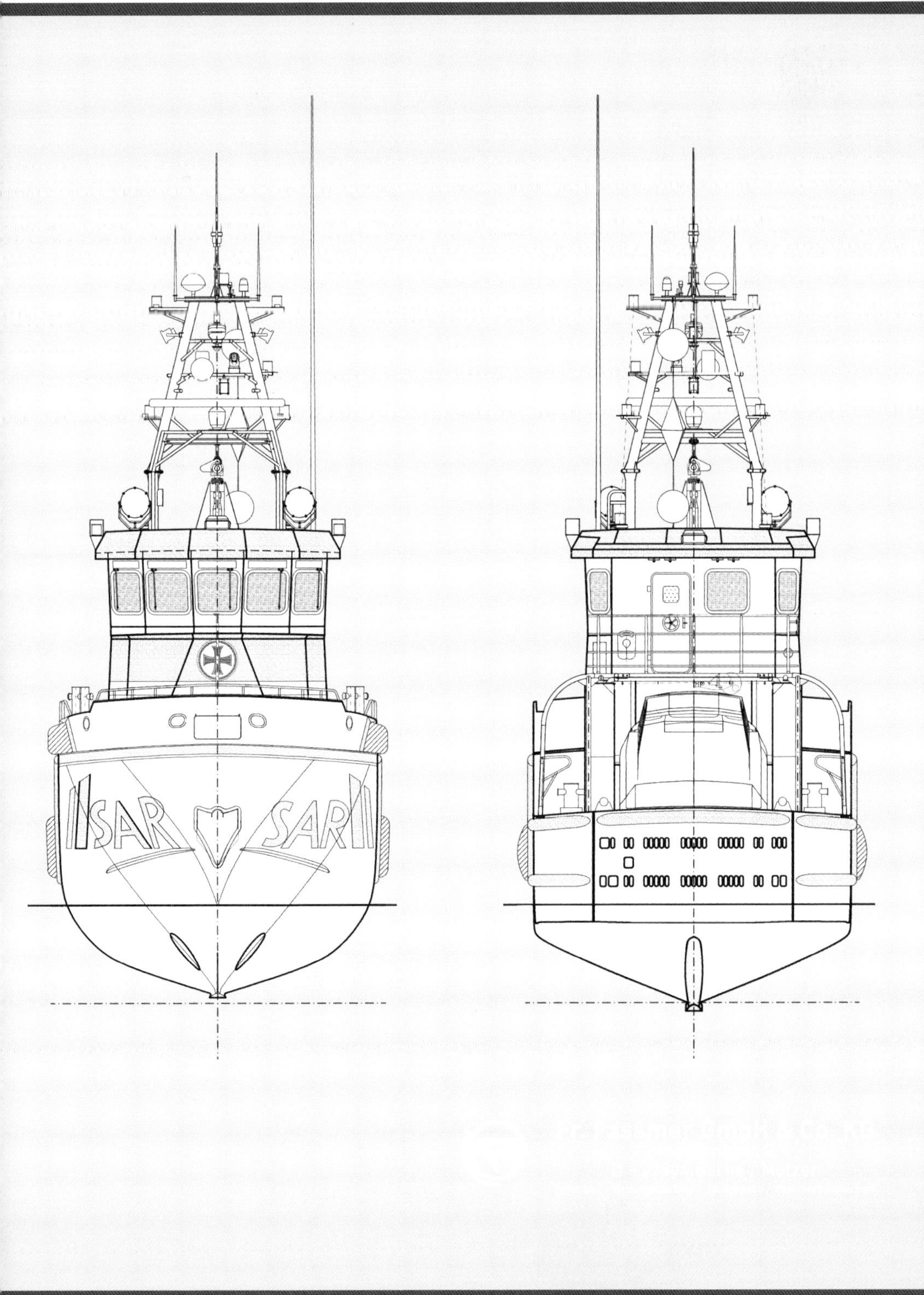

Hier gilt es, einen Kompromiss zu finden, der allen Anforderungen gerecht wird, ohne etwas aus den Augen zu verlieren. Das ist nur möglich, indem im Vorfeld und vor dem Hintergrund entsprechend formulierter Fragestellungen umfangreiche Untersuchungen und Berechnungen durchgeführt werden, ohne die Randbedingungen starr festzulegen:

- Welche Geschwindigkeit kann das Schiff erreichen, wenn die Form einer sicheren Stabilität genügt und die Motoren nicht übergroß und zu schwer werden?
- Gelingt es, das Schiff ins Gleiten zu bringen und für eine gute Seetüchtigkeit den Tiefgang ausreichend zu bemessen?
- Wie kann die Struktur gleichzeitig möglichst leicht und doch robust sein?

Aus den Fragestellungen haben sich für den 28-Meter-Kreuzer folgende Größen ergeben:

- 2 x 1.440 kW Antriebsleistung, die von gewichtsoptimierten MTU-Motoren bereitgestellt werden und das Schiff auf eine Geschwindigkeit von 24 kn bringen
- ein Tiefgang von 1,80 m, ein schlankes Vorschiff mit gutem Seegangsverhalten (getestet in Seegangsversuchen) und einem Hinterschiff, das das Halbgeiten ermöglicht
- eine Struktur aus Aluminium in Netzspantenbauweise und doppelter Außenhaut.

Die Fertigung

Netzspantenbauweise und doppelte Außenhaut – eine Herausforderung an die Fertigung

Um die Außenhaut robust und leicht zu bauen, wird das unterstützende Spantwerk mit sehr geringen Abständen ausgeführt: Sowohl in Quer- als auch in Längsrichtung werden Spanten gesetzt. Der Abstand der Querspanten beträgt max. 500 mm. Diese Querspanten tragen die Längsspanten, deren Abstand in der Regel nur ca. 250 mm beträgt. Es entsteht eine Mischbauweise mit kleinen Plattenfeldern, die bestens geeignet ist, den äußeren Kräften standzuhalten. Zusätzlich unterstützt wird die Konstruktion durch die doppelte Außenhaut mit ihren engen Tanks und Leerzellen. Sie wirkt wie ein großer Kastenträger und steift die Struktur noch einmal aus.

Übersichtsplan der 28-Meter-Klasse der Seenotrettungskreuzer

Hierdurch entsteht ein sehr steifer Schiffskörper, doch für die Fertigung heißt das, dass viele und schwer zugängliche Schweißnähte ausgeführt werden müssen.

Der Abstand der zweiten Hülle zur eigentlichen Außenhaut variiert sehr stark. So sind z. B. die Seitentanks zwischen 600 und 1.200 mm breit. Im Boden sind es meistens nur ca. 300 mm, da dieser zusätzlich durch das sogenannte Totholz vor Grundberührung geschützt ist.

Wenn auch der schlankeste Schweißer nicht mehr in die Zellen der doppelten Außenhaut hineinpasst, hilft nur noch, die Verbindung von außen mit der sogenannten Lochschweißung herzustellen.

Detaillierte Überlegungen zur Reihenfolge der Montage sind also von Beginn an erforderlich – und das nicht nur wegen der Zugänglichkeit; denn es wird aufgrund der vielen Schweißverbindungen massiv Wärme in die Konstruktion eingebracht. Durch das Schweißen kommt es zum Schrumpfen des Materials und die Konstruktion beginnt sich zu verziehen.

Hier hilft die Erfahrung, in welcher Reihenfolge wie geschweißt werden muss, welche Zugaben erforderlich sind und wie die Baulehren aussehen müssen, damit am Ende die Form exakt dem entspricht, was berechnet und getestet worden ist. So wird z. B. die 28-m-Klasse ca. 50 mm länger gebaut, um am Ende des Schweißprozesses wieder zur richtigen Größe zu schrumpfen. Als weitere Folge der Schrumpfung kommt es in den Plattenfeldern zu Dellen. Sie zu entfernen und Schweißverzug in den Bauteilen zu beseitigen, ist im Schiffbau eine eigene Kunst – die Richtarbeiten. Erfahrene Schiffbauer egalisieren die vorher durch Wärme eingebrachten Spannungen wiederum durch gezielte Wärme- und Krafteinwirkungen. Dafür werden die Dellen in der Mitte des Plattenfeldes erwärmt (bei Aluminium meist mit einem Wolfram-Inertgas-Verfahren) und so wieder „herausgezogen“.

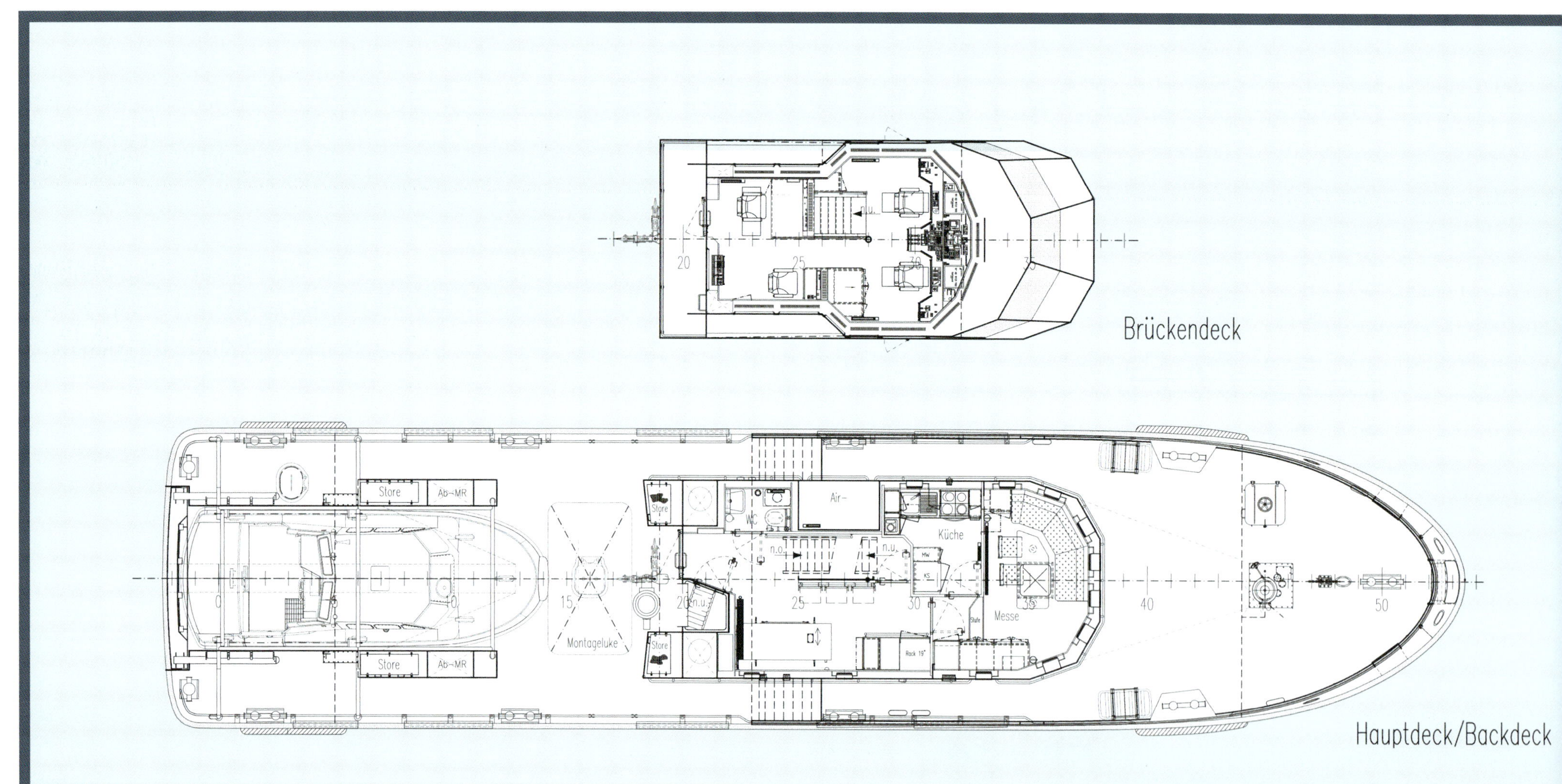

Wichtig ist, die Spannungen aus dem Rumpf (den einzelnen Plattenfeldern) herauszunehmen, damit im Betrieb des Schiffes bei starken Temperaturunterschieden (Tag/Nacht) keine sogenannten Springbeulen auftreten, d. h., dass aus Dellen Beulen werden, denn dies ist nicht nur unschön, sondern kann auch zu Schäden in der Konservierung führen.

Gebaut wird der Rumpf zunächst über Kopf. Das klingt verdreht, es erleichtert aber die Arbeit. Da zuerst die Spanten aufgestellt werden, kann man anschließend die Außenhautplatten auflegen und verschweißen, sie müssen dadurch nicht aufwendig und mühselig von unten hochgedrückt werden.

Ist der Rumpf fertig, wird er gedreht. Hierzu werden große Hebeaugen angebracht, an denen dann der ganze Schiffskörper von 35 t hängt. Mit zwei Kränen wird der Rumpf umgedreht. Parallel zum Rumpf wird der Aufbau angefertigt. Sobald der Rumpf gedreht ist, können beide Bauteile – oder besser Sektionen – zusammengesetzt werden. Dieser Vorgang wird „Hochzeit“ genannt. Nun kann der Innenausbau des Schiffes beginnen.

Schnelle Kreuzer – große Leistung

Bei aller Optimierung von Form und Gewicht geht letztlich kein Weg an der Physik vorbei: Eine hohe Geschwindigkeit benötigt eine große Leistung.

Die gesamte Maschinenanlage nimmt gut die Hälfte der Schiffslänge ein und davon den größten Teil die Zwei-Motoren-Antriebsanlage. Die jeweils 1.440 kW Leistung der Antriebsmotoren müssen ins Wasser gebracht und in Schubkraft umgewandelt werden. Dafür sorgen die Propeller, die aus der Rotation die Schubkraft erzeugen. Die Propeller wurden speziell für die 28-Meter-Klasse entworfen, mit immerhin über 60 % Wirkungsgrad. Zwischen Motor und Propeller sind noch das Getriebe, die Kupplung und eine Welle angeordnet. Alles muss genauestens fluchten, sonst kommt es schnell zu ungewollten Schwingungen. Um die erforderliche Genauigkeit zu erreichen, werden die Wellenlager und der Motor nicht direkt auf die Fundamente geschraubt, sondern

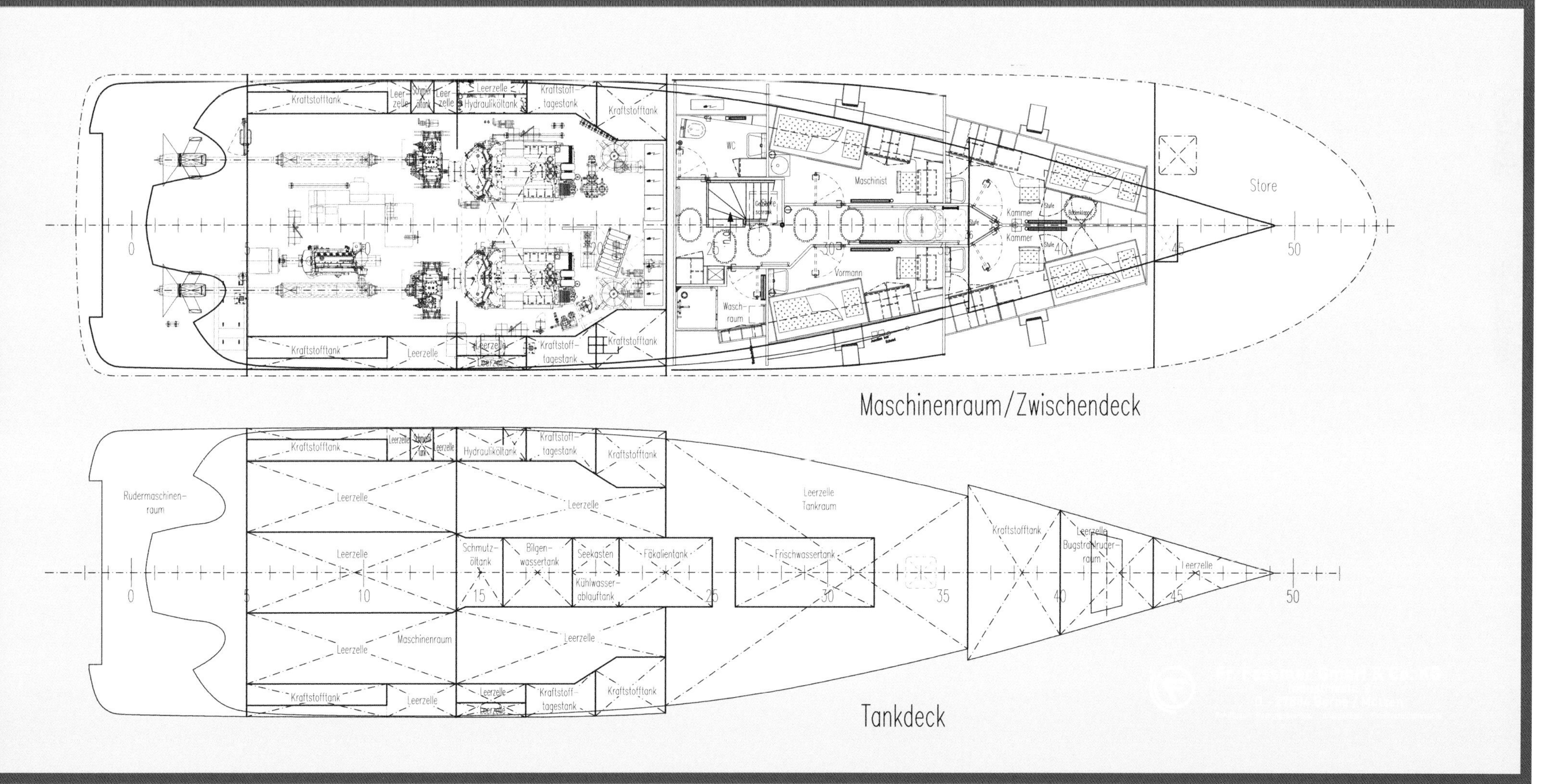

über eine Zwischenwelle nach Justierung mit Zehntelmillimetern Toleranz vergossen. D. h. eine flüssige Vergussmasse wird zwischen die Lagerpunkte und das Fundament gegossen und fixiert, bis die Masse ausgehärtet ist. Vom Propeller bis zum Motor ist damit eine exakte Linie gewährleistet.

Tochterboote

Es sind „nur" die Tochterboote? Sie entstehen nebenbei? Ist nicht viel dran? Wiegen nur 4,5 t? Könnte man denken, doch ist ihr Bau im Verhältnis zu ihrer Größe tatsächlich noch aufwendiger.

Die Blechstärken der Tochterboote betragen z. T. nur 2 mm. Schweißverzug und Schrumpfung sind jedoch erheblich stärker. Das bedeutet auch, dass es noch schwieriger ist, die Maßhaltigkeit der Schiffe sicher zu gewährleisten – und am Ende müssen sie exakt in die für sie vorgesehenen Tochterbootwannen hineinpassen.

Das Schiff geht ins Wasser – der Krängungsversuch

Ist das Schiff fast fertig, wird es seinem Element übergeben. Dieser Vorgang ist immer auch ein Augenblick der Wahrheit: Entspricht die Schwimmlage den Vorausberechnungen?

Eine wichtige Größe ist neben dem Gesamtgewicht die Schwerpunktslage des Schiffes (Schwerpunkt = Reduktion eines komplexen Körpers auf einen Massepunkt). Der Schwerpunkt ist mitentscheidend für dessen Stabilität, d. h. für das Vermögen des Schiffes, sich gegen eine von außen wirkende Kraft wieder aufzurichten – für Seenotrettungskreuzer auch aus einer 180 ° gedrehten Schwimmlage!

Nach allen sorgfältigen Berechnungen gilt es nun, die Lage des Schwerpunktes zu ermitteln. Aus dem Gewicht des Schiffes und seinem Massenschwerpunkt sowie der Form des Schiffskörpers lässt sich die Stabilität errechnen. Das Gewicht ist bekannt, sobald das Schiff schwimmt (über die Tiefgänge), ebenso die Formwerte des Schiffskörpers. Da nur noch der Schwerpunkt als unbekannte Größe bleibt, wird die Formel entsprechend umgedreht: Das Schiff wird künstlich gekrängt (durch einseitig verschobene Massen) und dabei seine Reaktion gemessen. Damit lässt sich dann auf den Höhenschwerpunkt des Schiffes zurückrechnen und überprüfen, ob die Vorausberechnung korrekt war.

Ganz große Ingenieurkunst, meisterliche Organisation: 9.640 fertig geschnittene und geformte Platten, Profile, Stringer,

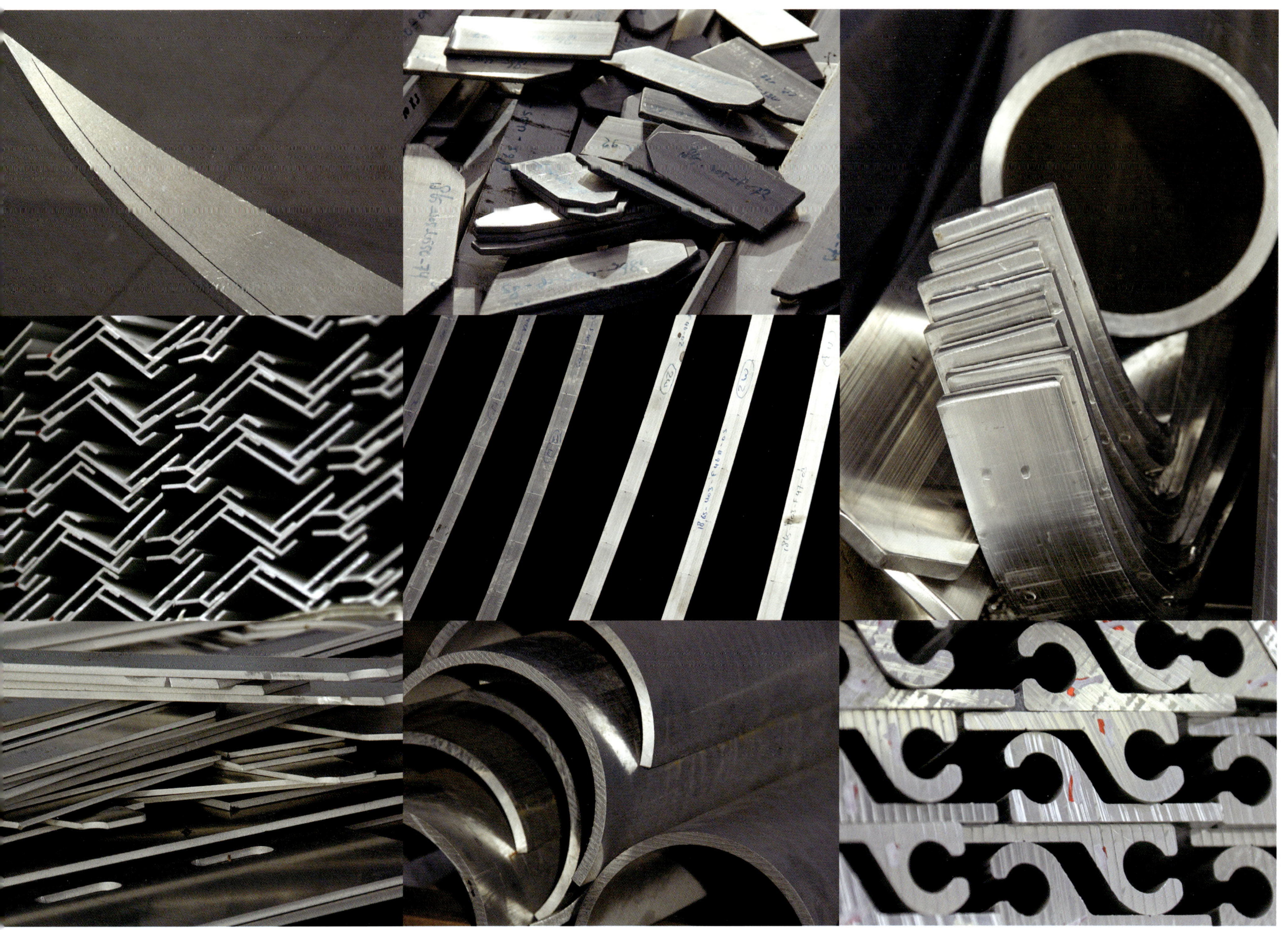

Keile, Leisten und Rohre aus seewasserfestem Aluminium. Jedes Stück ist nummeriert, damit es in dem gigantischen Puzzlespiel seinen richtigen Platz findet.

Deutlich mehr als 1.000 Arbeitszeichnungen sind nötig für den Bau jedes der beiden Seenotrettungskreuzer und deren Tochterboote. Auf dieser Seite sind Schiffbauer dabei, sich an maßstabsgerechten Verkleinerungen zu orientieren. Auf der rechten Seite liegt ein Bodenspant eines der Tochterboote, auf einer 1:1, in voller Größe gefertigten Zeichnung.

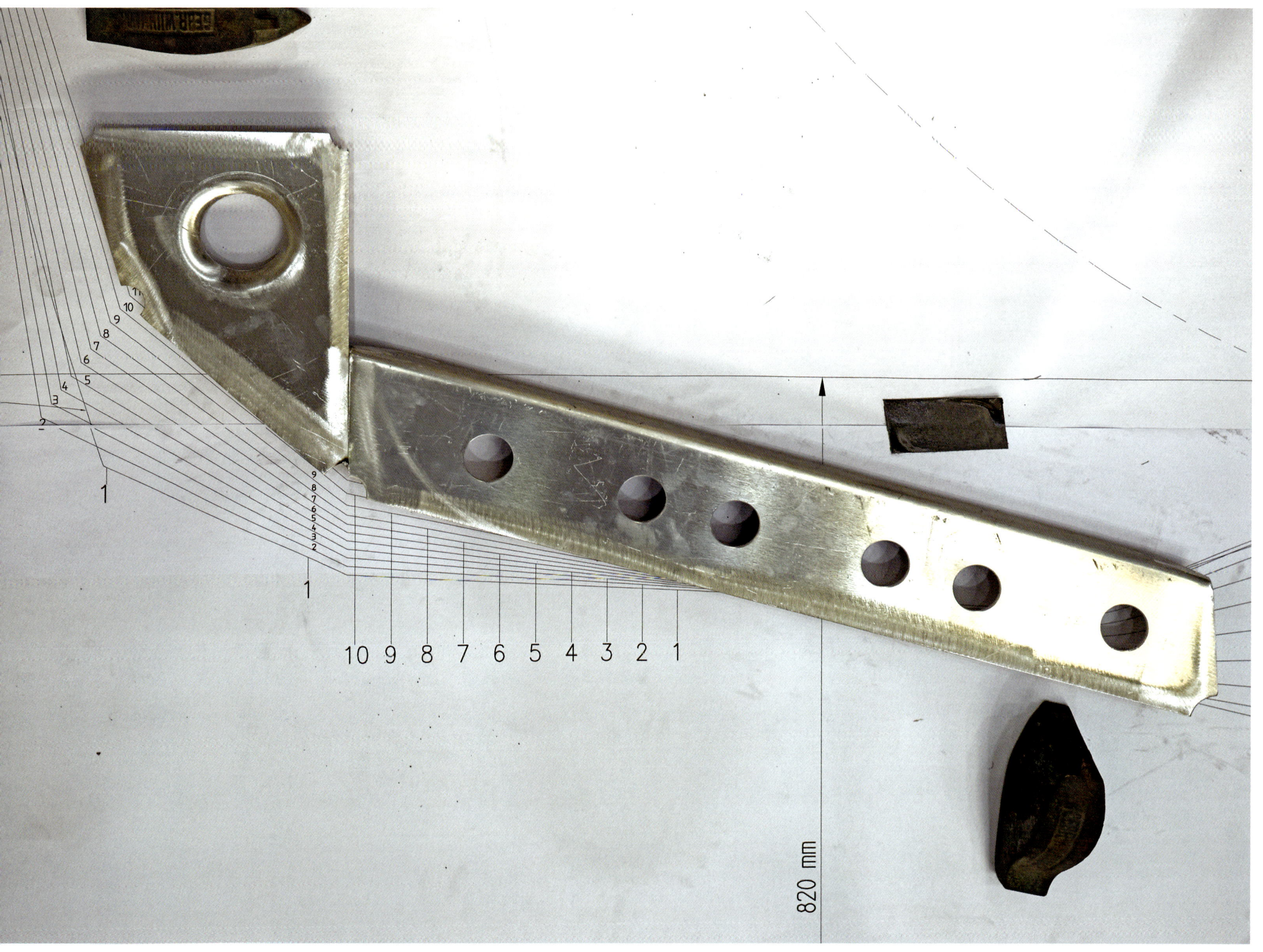
10 9 8 7 6 5 4 3 2 1
820 mm

Im September 2015 fing der Bau der SK 36 an (Baubegin von SK 37 war um etwa sechs Monate versetzt). Die Rümpfe der neuen Seenotrettungskreuzer (und deren Tochterboote) werden in Fassmers Werfthalle in Bardenfleth, unweit des neuen Hauptbetriebes in Berne, überkopf gefertigt, auf exakt ausgerichteten Hellingen aus Stahl (Bild rechts). Der Überkopfbau ist im Schiffbau gang und gäbe; es lässt sich leichter arbeiten. Schweißnähte, insbesondere die langen, lassen sich einfacher – und präziser – von oben nach unten ziehen, Spanten und Schotten, die meistens im Bodenbereich stark abgerundet sind, sind auf Deckebene leichter aufzustellen. Außenhautplatten lassen sich besser an den Unterbau von Stringern und Spanten anpassen. Auf dem Bild unten arbeitet ein Schweißer an den Versteifungen eines der Vorschiffsschotten, das am Boden liegt.

Der Baufortschritt an den Rümpfen von SK 36 und SK 37 ist schnell und effizient. Fassmer setzt seine gesamte Erfahrung aus dem Bau des Typschiffs, der ERNST MEIER-HEDDE, ein. Etwa 30 Schiffbauer und Schweißer arbeiten in zwei Schichten, um Ecktermine zu erreichen. Auf dem linken Bild prüft ein Meister, zusammen mit einer Auszubildenden, die Ausrichtung einer Tankwand in der Vorschiffssektion. Auf dem rechten Bild werden Spanten auf derselben Vorschiffssektion aufgestellt. Im Hintergrund links ist der entstehende Rumpf aus Aluminium auf der Helling zu sehen. Im Hintergrund rechts arbeiten Schlosser an einem der Festmacherpoller, der ebenfalls aus Aluminium besteht. Die konsequente Verwendung und das Verschweißen von ein und demselben Schiffsbaumaterial, nämlich seewasserfestem Aluminium, gepaart mit stark dimensionierten Platten- und Spantenstärken, verleihen dem Rumpf enorme Festigkeit.

DIE SEENOTRETTER
Panasonic

Einem alten Schiffbauerbrauch folgend, werden Glück bringende Münzen in die ersten Sektionen von SK 36 (am 21. Oktober 2015) und SK 37 (am 28. April 2016) eingelegt. Für SK 36 übernehmen Annika Bachmann und Marlene Steinherr, beide aus Berlin und beide 470er-Olympia-Seglerinnen, die Aufgabe, eine Berliner Gedenkmedaille aus Silber vor der Presse zu platzieren (Bild links: die zwei Seglerinnen zusammen mit dem DGzRS Schiffsbauingenieur und Inspektor Holger Freese sowie Kapitän Michael Müller, Vormann der derzeitigen 27,5-Meter- und zukünftigen 28-Meter-BERLIN). DGzRS-Mitarbeiterin Tanja Wagschal (Bild unten rechts) übernimmt die gleiche Aufgabe für SK 37 mit einer Zehn-Euro-Münze, welche die Bundesrepublik Deutschland im Jahr zuvor zum 150-jährigen Bestehen der DGzRS herausgegeben hatte. Angebracht an den Hauptschotten, vor den Maschinenräumen, sollen die Münzen Schiffbauern und Seenotrettern Sicherheit, Glück und Gesundheit verheißen.

Foto: DGzRS

Bilder von Ausrichtungsarbeiten am Spantennetz im Vorschiffsbereich. Bemerkenswert sind die engen Abstände und Materialstärken der einzelnen Verbände und Spanten. Jedes Materialteil ist beidseitig durch Schweißnähte mit seinem Nachbarn verbunden, um dem Spantengerüst von Anfang an maximale konstruktive Festigkeit zu geben.

Aleris Extruded Products Bitterfeld
ESS

Schiffbauer und Schweißer von SK 36 und SK 37

Bild oben: Die unterste Sektion des Vorschiffes wird mit dem Hallenkran positioniert. Bild unten: Schiffbauer passen einen Spant des Bugstrahlerkanals an. Bild rechts: Aufsetzen der untersten Spantensektion im achteren Vorschiffsbereich. Auf allen Bildern immer zu sehen sind die ungewöhnlich engen Spantenabstände und extra dicken Aluminiumblechstärken, die dem Rumpf überragende Stärke verleihen.

An den Schiffskörpern der neuen Seenotrettungskreuzer besteht fast alles aus Aluminium. Der Schlüsselbegriff ist „integrierte Bauweise". Indem alle Teile miteinander verschweißt werden, entsteht ein enorm starker Schiffskörper – Ausrüstungsgegenstände wie Festmacherpoller (rechts) und die robuste Scheuerleiste (unten, hier beim Heißanpassen auf einer Schablone des Vorschiffes) sind ebenfalls aus seewasserfestem Aluminium gefertigt. Dagegen sind die Innenkonstruktion der Ruderblätter, der Ruderschaft und die Ruderverkleidung (Bilder in der Mitte, unten) ausnahmsweise aus nichtrostendem Stahl gebaut. So entsteht eine Konstruktion von herausragender Festigkeit, denn später wirken gewaltige Kräfte auf den Schiffskörper.

ABUS 51

Außenhautplatten werden am Rumpf angebracht, die Aufbauten werden gefertigt. Auf den Bildern unten werden Platten im Mittschiffsbereich per Kran positioniert. Auf den Bildern ganz unten werden die Aufbauten, die ebenfalls überkopf stehen, gebaut. Bild rechts, im Vordergrund die Aufbauten, im Hintergrund der teils beplankte Rumpf. Durch die „integrierte Bauweise", bei der alle Aluminiumteile – Außenhaut, Spantengerüst, Tanks, Decks und Aufbauten – miteinander verschweißt werden, entsteht ein Schiffskörper von überragender Stärke und Torsionsfreiheit.

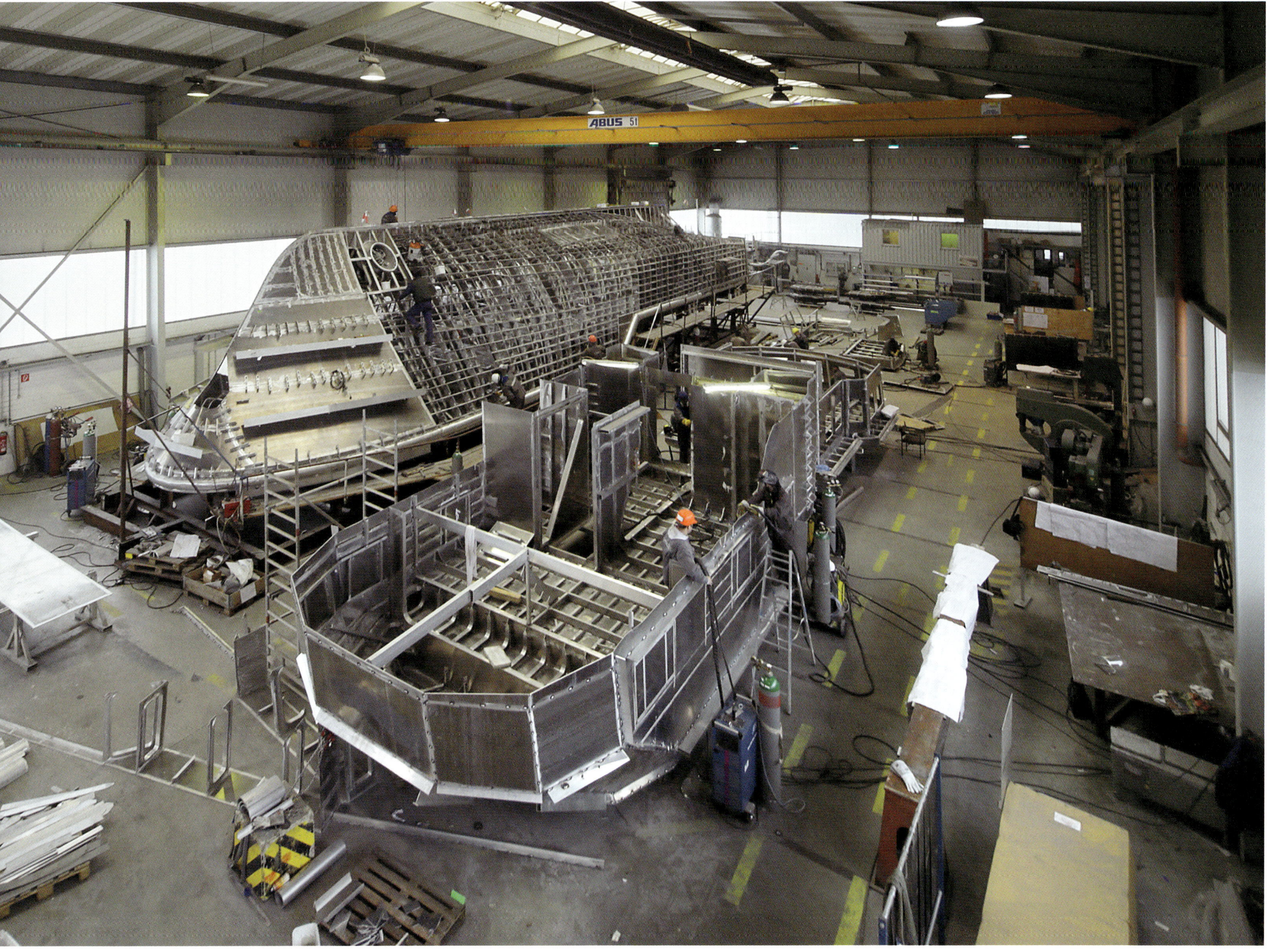
ABUS 51

25
23
20
16
12

Der Bau beider Tochterboote mit den internen Bezeichnungen TB 40 und TB 41 läuft synchron mit dem Bau ihrer jeweiligen Mutterschiffe. Auch sie werden kopfüber gebaut. Aufgrund ihrer deutlich geringeren Größe können die Rümpfe seitlich gedreht werden. Dadurch ist es für die Schiffbauer einfacher, die Schweißnähte zu ziehen und zu prüfen.

D. Hollatz

Schiffbauer und Schweißer in den Tochterbooten. Bedingt durch die geringe Größe der Boote, müssen die Schweißarbeiten oft auf engstem Raum ausgeführt werden. Auf dem Bild unten ist der Aufbau der TB 40 montiert, ihr vorgefertigtes und fertig lackiertes Schwenkdach liegt zur Anpassung vor dem Tochterboot.

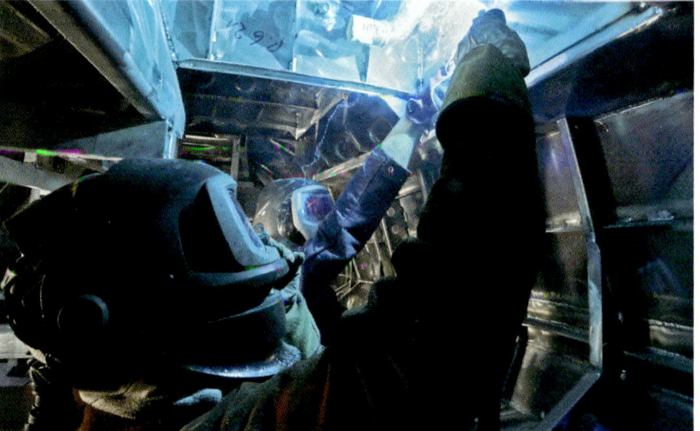

Am 21. April 2016 brachten Kräne den Rumpf der SK 36 aus seiner Überkopflage in die Waagerechte. Kurz danach stellten die gleichen Kräne die Aufbauten auf. Der Seenotrettungskreuzer konnte jetzt in die Ausrüstung gehen. SK 37 folgte mit der gleichen Prozedur am 2. September. Daraufhin machten beide Schiffe ihre erste Seereise – 1.500 Meter im Schlepp die Weser herunter, von Bardenfleth nach Berne.

Foto: DGzRS

Foto: DGzRS

FASSMER
FASSMER
1

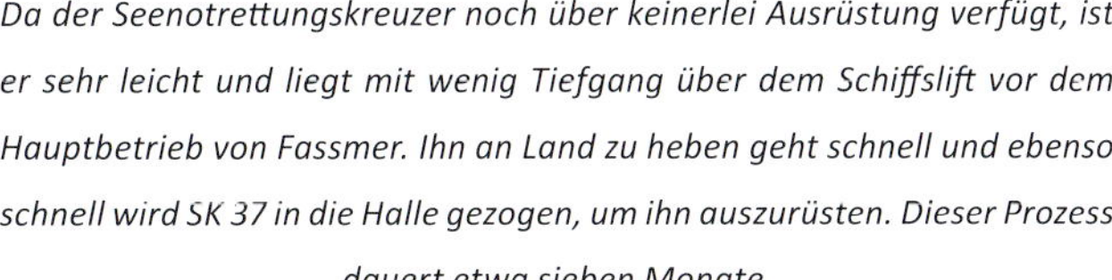

Da der Seenotrettungskreuzer noch über keinerlei Ausrüstung verfügt, ist er sehr leicht und liegt mit wenig Tiefgang über dem Schiffslift vor dem Hauptbetrieb von Fassmer. Ihn an Land zu heben geht schnell und ebenso schnell wird SK 37 in die Halle gezogen, um ihn auszurüsten. Dieser Prozess dauert etwa sieben Monate.

Beim Innenausbau werden Isolierungen, Steinwolle verkleidet mit Dünnblech, gegen Schwitzwasser in dem leeren Schiffskörper angebracht. Sie dienen auch dem Schallschutz. Auch die ersten Wasser- und Heizungsrohre finden ihren Platz. Die Bilder auf dieser Doppelseite zeigen die entstehenden Kammern der Besatzung im Vorschiff. Links, von vorne nach achtern schauend, unten vom Hauptschott nach vorne schauend. Rechts, das Aufbringen von Dünnblech auf dem Hauptschott zum Maschinenraum. Es dämmt Körperschall und reduziert die Übertragung von Vibrationen.

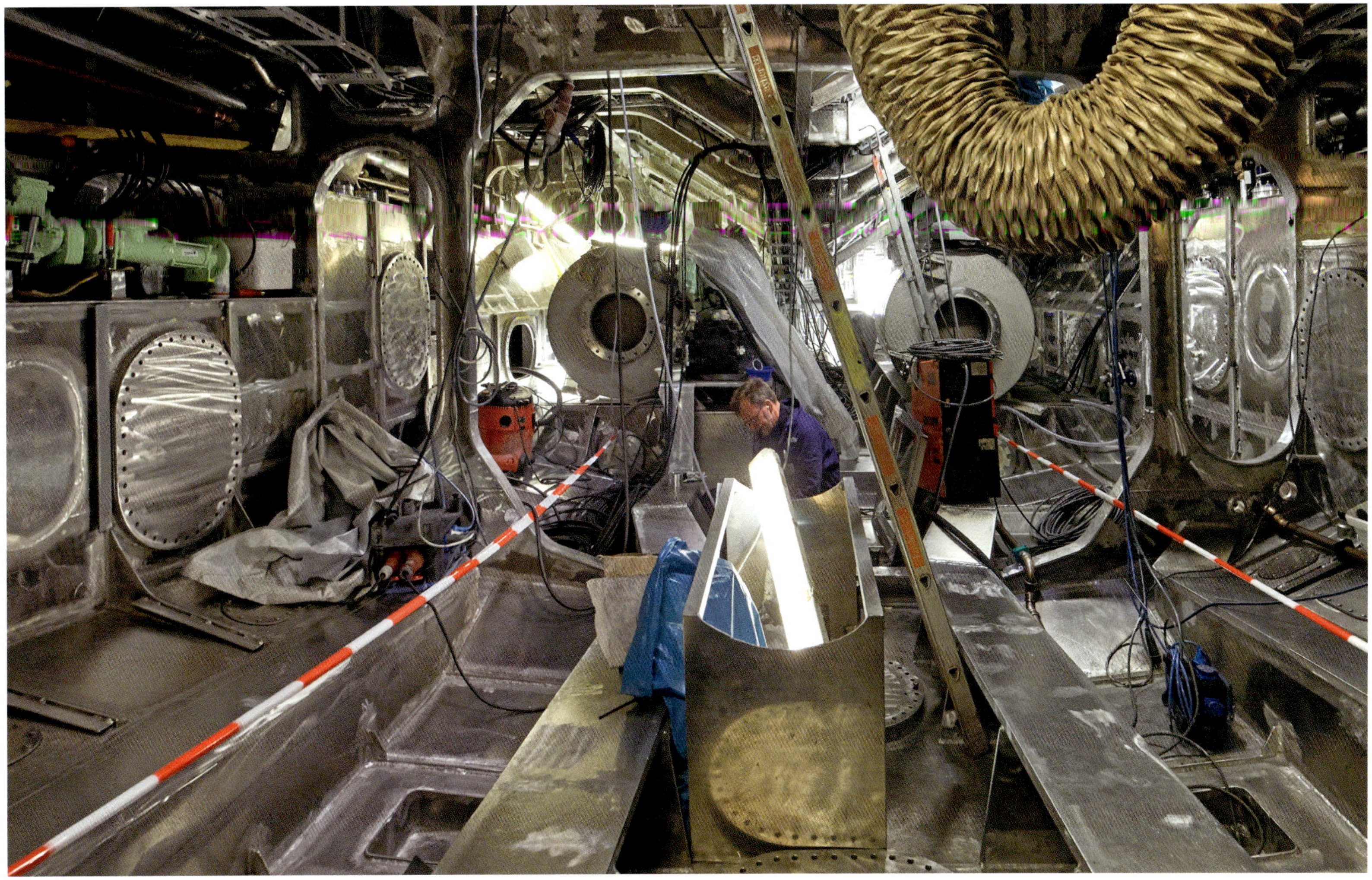

Insgesamt werden 22.000 Meter mehradrige Kabel in jedem der beiden neuen Seenotrettungskreuzer verlegt. Sie verbinden elektronische Sensoren mit modernsten Displays und Bildschirmen, sowie Maschinen und Aggregate mit Steuerständen und Steuerungsgeräten. Auf dem Bild links, aufgenommen in der Messe, arbeitet sich ein Elektriker durch einen Dschungel aus losen Kabeln. Auf dem Bild oben ist ein Techniker dabei, den Maschinenraum für die zwei Dieselmotoren vorzubereiten, die auf den massiven Fundamenten im Vordergrund stehen werden. Hinter ihm, links und rechts in der Tochterbootwanne, sind die Schalldämpfer und Abgasrohre bereits installiert. Auf beiden Seiten des Maschinenraums sind die Tagestanks zu sehen.

BMI

Drei Monate nachdem die beiden Seenotrettungskreuzer in der Ausrüstungshalle aufgebockt wurden, wurden dickschichtige, feuerhemmende Isolationsmaterialien im Fahrstand und der Messe aufgebracht. Erste Verkleidungs- und Tischlerarbeiten an den Wänden und Decken finden statt, Kabel werden sauber verlegt, ihre Enden nahe ihrer jeweiligen Endverbraucher.

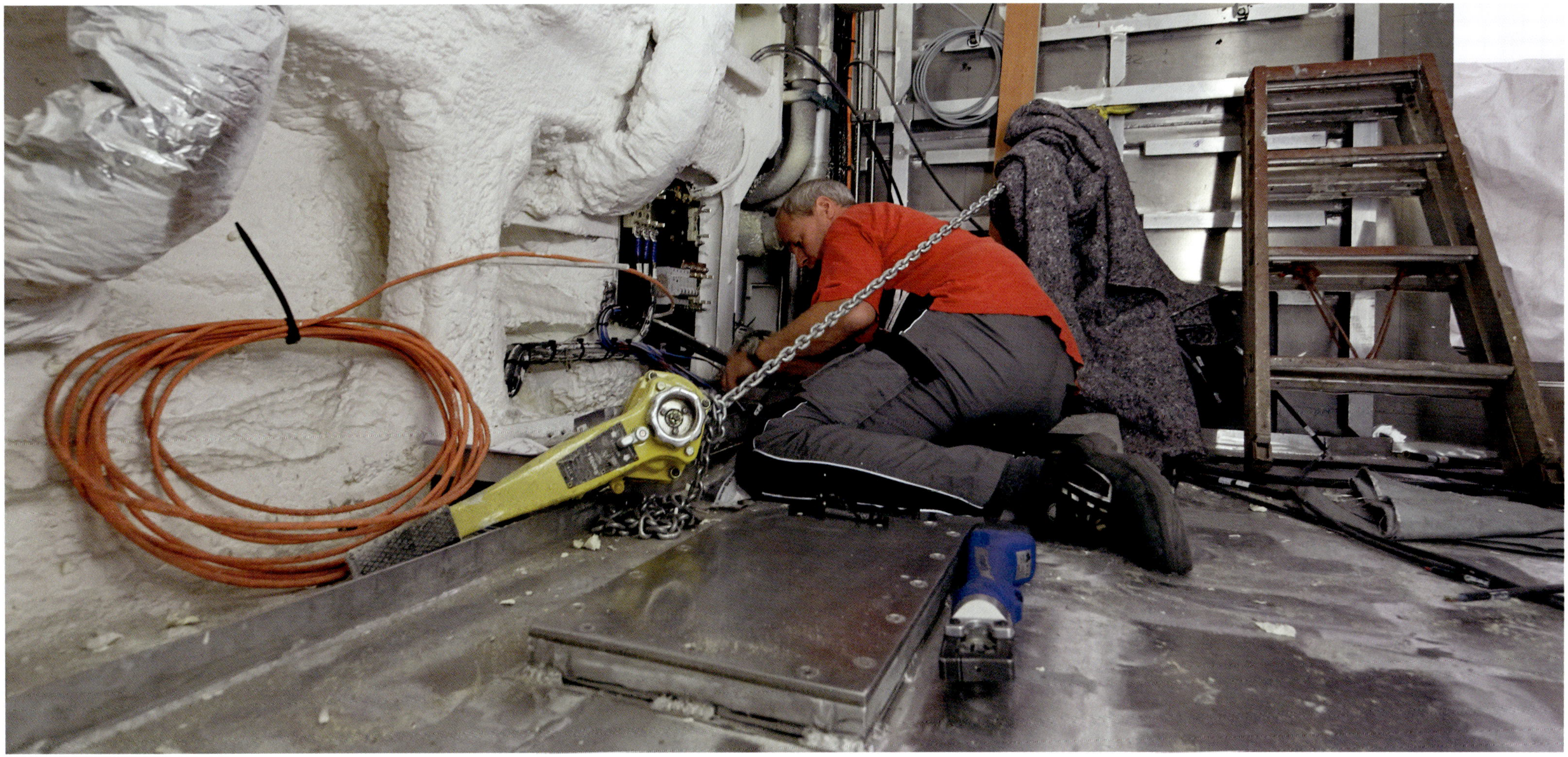

Nachdem die SK 36 und SK 37 etwas mehr als drei Monate in der Ausrüstungshalle sind, werden die Tochterboote, die schon lackiert und weitestgehend ausgerüstet sind (kleine Bilder oben), probeweise in die Tochterbootwannen hineingekrant, um die Bergungswinden und Rampenrollen optimal zu positionieren.

Keine 14 Tage, nachdem die Tochterboote ihre ersten „Manöver" gefahren haben, werden die Maschinen bereits in die Seenotrettungskreuzer eingebaut. Beide Schiffe werden von je zwei mittelschnelllaufenden MTU 16V 2000 M72-Dieselmotoren angetrieben. Mit einem Hubraum von 35,7 Litern liefern die je 4.363 Kilogramm schweren Motoren bei 2.250 Umdrehungen je 1.440 Kilowatt. Diese Kraft wird von ZF 5000D-Schiffswendegetrieben auf die Propeller übertragen. Die Namen MTU Friedrichshafen und ZF Friedrichshafen stehen für maximale Qualität und Zuverlässigkeit made in Germany. MTU hat seine Wurzeln im Maybach-Motorenbau, die in Friedrichshafen einst Zeppelinmotoren fertigten. Heute ist MTU die Kernmarke der Rolls-Royce Power Systems. ZF – ebenfalls mit Sitz in Friedrichshafen – ist drittgrößter deutscher Automobilzulieferer und zählt zu den weltweit führenden Unternehmen auf dem Gebiet der Antriebstechnik.

Auf dem Bild links wird die Backbordmaschine von SK 36 angehoben. Das Schiff selbst ist im Hintergrund für den Lackierprozess eingezeltet. Auf den Bildern oben wird der 3,3 Meter lange, 1,3 Meter breite und 1,4 Meter hohe Motor durch die Maschinenraumluke gehoben, eine vergleichsweise leichte Aufgabe im Gegensatz zu der Steuerbordmaschine, die mit viel Fingerspitzengefühl an der ersten vorbeibugsiert werden muss (Bild rechts).

SK 36 und SK 37 sowie deren Tochterboote sind mit sieben Farbschichten aus Zwei-Komponenten-Hochleistungslacken geschützt. Farbarbeiten finden meistens nach der zweiten Arbeitsschicht oder am Wochenende statt, um Staubaufwirbelungen zu vermeiden. Die Zeltkonstruktion wird stark angeheizt, um optimale Lackierungs- und Aushärtungsprozesse zu gewährleisten. Vor dem vorletzten Anstrich mit Tagesleuchtrot und Klarlack (Bild gegenüber) werden die durch das Schweißen bedingten Unebenheiten im Aufbau ausgespachtelt und auf glatte Flächen geprüft (Bild unten).

PKC

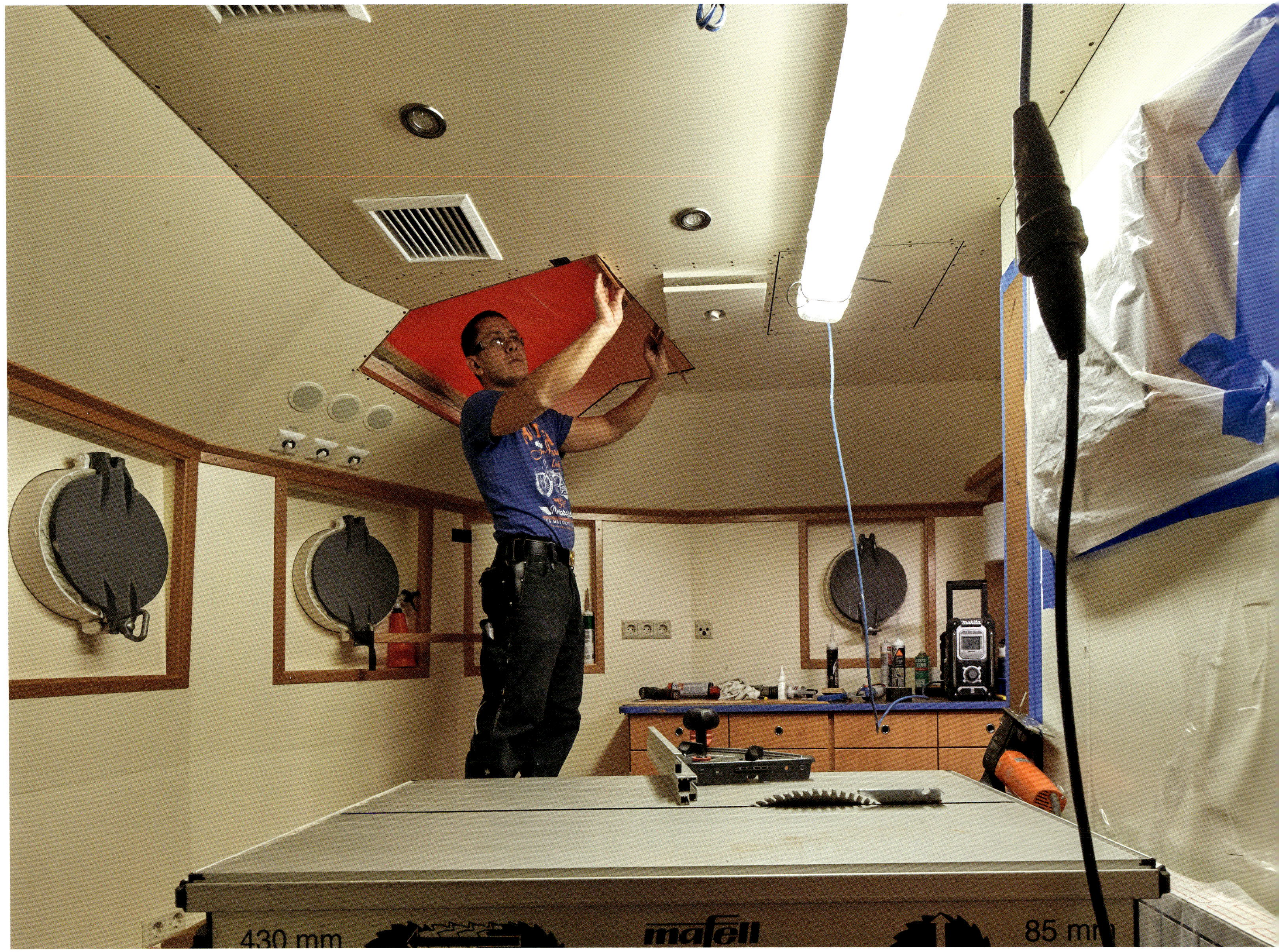
430 mm
mafell

Nach fünf Monaten Ausrüstungszeit nähern sich die Seenotrettungskreuzer ihrem Endzustand. Auf der gegenüberliegenden Seite ist die Messe voll verkleidet. Auf dieser Seite, obere Reihe, werden die Heizkörper seeschlagfest eingebaut, im Vorschiff wird Deckenverkleidung befestigt und im Flur werden Wände gestellt und Schränke eingebaut. Auf dem großen Bild unten ist ein Fassmer-Mitarbeiter in der Vormannskammer mittschiffs dabei, die Leselampe über der Koje zu montieren.

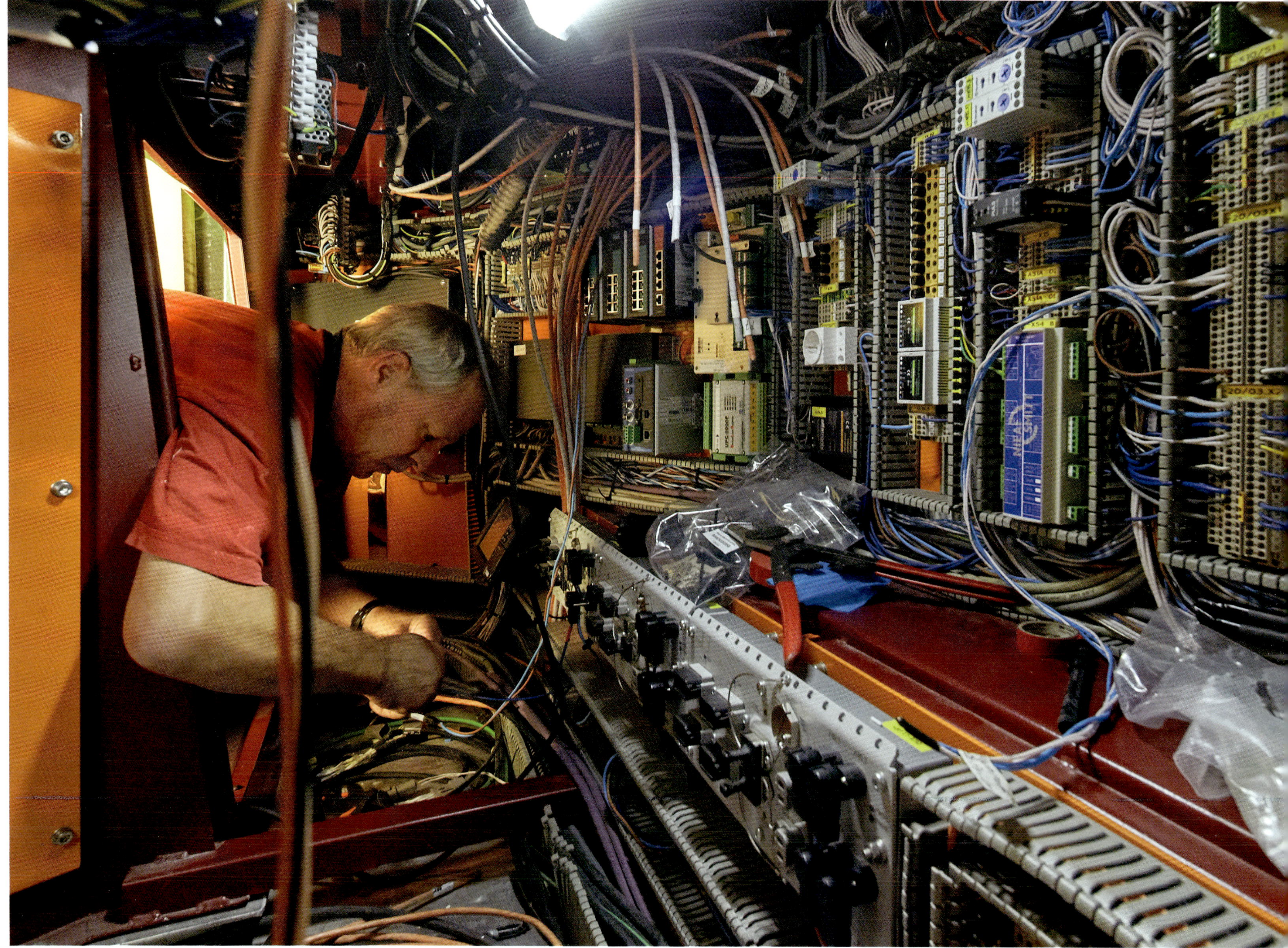

Im Fahrstand kommt alles zusammen und so gut wie alle Kabel sind jetzt angeschlossen (Bild links, Blick unter das Steuerpult). Rechts ist ein Elektrotechniker dabei, den Seekartenplotter am Arbeitsplatz des Navigators anzuschließen und zum Leben zu erwecken.

Der Maschinenraum (Bilder auf dieser Seite) geht ebenfalls nach fünf Monaten Ausrüstungszeit seiner Fertigstellung entgegen. Alle Aggregate sind eingebaut, die Motoren sind an die Getriebe, Abgasanlagen sowie an Steuerungs- und Überwachungsgeräte angeschlossen. Außerhalb des Rumpfes (Bild rechts), dort, wo die Motorenkraft in Bewegung umgesetzt wird, sind die Propeller montiert. Ein Schiffbauer arbeitet an der steuerbordseitigen Ruderschaft-Buchse. Das Unterwasserschiff ist mit Antifouling voll beschichtet. Die Zinkopferanoden sind fertig montiert.

SK 37 wenige Tage vor der Rollout. Auf dem Bild oben ist ein Fassmer-Schiffbauer dabei den Schlepphaken aus massivem nicht rostenden V4A-Stahl an der Achterkante des Brückendecks zu installieren. Auf dem Bild rechts fertigen Schiffbauer eine Stehplattform für den Maschinenraum von SK 37. Das Schiff ist soweit, dass aus Sicherheitsgründen keine Schweißarbeiten mehr an Bord stattfinden dürfen. Neben der SK 37 steht der fertigen Aluminium-Kasko von SK 38, einem Neubau der 20-Meter-Klasse, noch vor dem Einzelten. Dieser Seenotrettungskreuzer ist für die Greifswalder Oie bestimmt.

DIE SEENOTRETTER
Mobil

Rollout und Erprobungen auf See

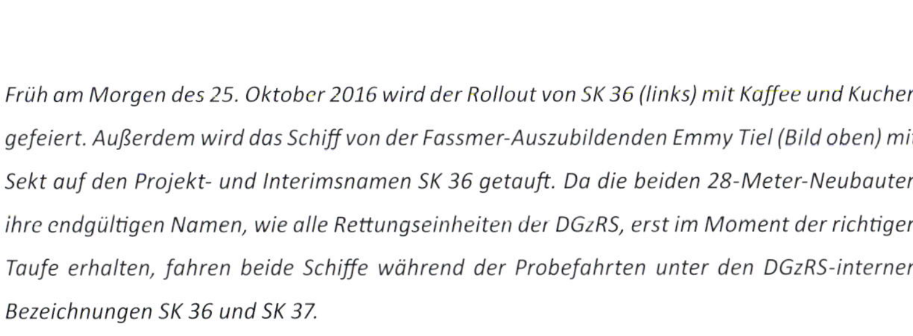

Früh am Morgen des 25. Oktober 2016 wird der Rollout von SK 36 (links) mit Kaffee und Kuchen gefeiert. Außerdem wird das Schiff von der Fassmer-Auszubildenden Emmy Tiel (Bild oben) mit Sekt auf den Projekt- und Interimsnamen SK 36 getauft. Da die beiden 28-Meter-Neubauten ihre endgültigen Namen, wie alle Rettungseinheiten der DGzRS, erst im Moment der richtigen Taufe erhalten, fahren beide Schiffe während der Probefahrten unter den DGzRS-internen Bezeichnungen SK 36 und SK 37.

Zum ersten Mal werden die imposanten LED-Scheinwerferbatterien der Hamburger KARL DOSE GmbH von SK 36 ausprobiert (rechts), besonders beeindruckend die Scheinwerfer im Schanzkleid, eine neue „Erfindung", um bei Nacht noch besser suchen zu können. Kurz danach wird das Schiff ins Wasser abgesenkt.

Krängungsversuche: Kaum im Wasser, werden die Rettungskreuzer mit vier 1.410-kg-Betonblöcken, als Ausgleich für das Tochterboot und noch fehlendes Inventar, abgeballastet, damit unter den kritischen Augen von Joachim Lütten (Fassmer, Bild unten links) und Inspektor Holger Freese (DGzRS) die Stabilität mittels eines Pendels kontrolliert und von einem Boot aus die berechnete Schwimmlage verifiziert werden kann.

20
18

DGzRS

Bei aufkommendem Flussnebel wird SK 36, scharf bewacht von DGzRS-Inspektor Holger Freese, zu seinem Liegeplatz für die Endausrüstungsphase von etwa sechs Wochen geschleppt. Während dieser Periode werden die letzten Ausrüstungsgegenstände eingebaut sowie alle Systeme und Motoren hochgefahren.

Die Seeerprobungen von SK 36 und SK 37 sind auf je eine Woche pro Schiff angesetzt worden, eine erstaunlich kurze Zeit. Aber bei beiden Schiffen ging es lediglich um die Bestätigung, dass alle Systeme einwandfrei funktionieren. Dafür muss man wissen, dass das Typenschiff, die ERNST MEIER-HEDDE, deutlich länger auf See erprobt wurde, um alle Planungen und deren Ausführungen auf Herz und Nieren zu prüfen und gegebenenfalls zu ändern.

Auf dieser Doppelseite ist SK 36 in der ersten Dezember-Woche 2016 vor Helgoland unterwegs. Der Wetterbericht: WNW 6–7, in Böen 8–9, mittlere Sicht, 3–4 Meter Seegang. Etwa ein Dutzend Mann waren an Bord – die spätere Besatzung, DGzRS-Inspektor Holger Freese, Oliver Reinholz von der HSVA und eine Fassmer-Mannschaft.

FURUNO
SAR

DIE SEENOTRETTER

Um die Schlepphaken unter Volllast zu testen, wurde die HERMANN MARWEDE als Schleppobjekt in die Seeerprobungen eingebunden. Wegen des hohen Seegangs und des starken Windes war es keine leichte Aufgabe, per Hand eine Wurfleine von der HERMANN MARWEDE auf SK 36 zu werfen. Das Leinenwurfgerät musste her (oben) – und schon beim ersten Versuch stand die Verbindung.

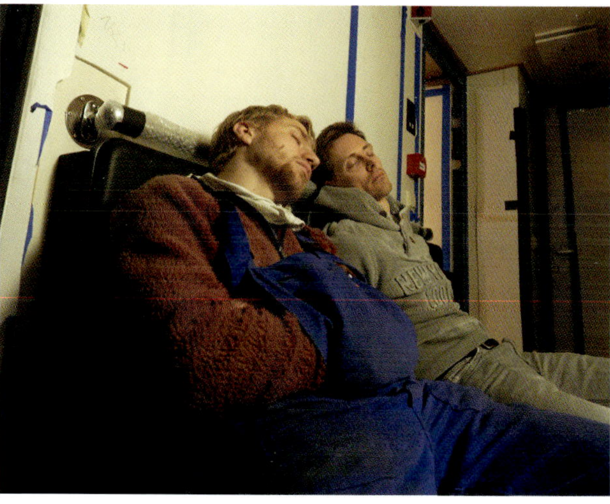

hummel

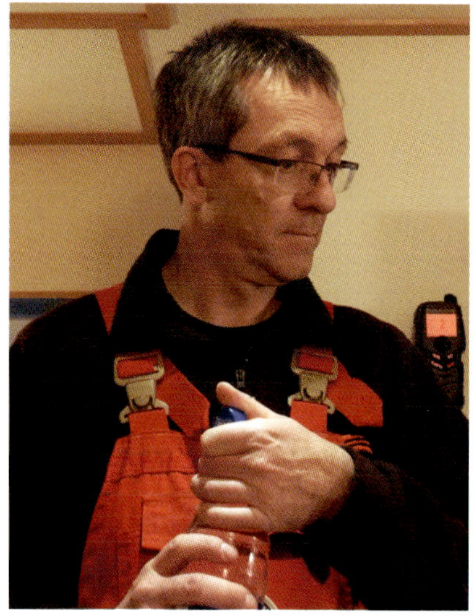

Abendruckreise zur Werft bei WNW 6–7, die SK 36 arbeitet hart. Am Fahrstand Konzentration. Ein Deck tiefer: Systemchecks per Computer und Erfrischungen. Eine Sturmfahrt ist nicht für alle ein Sonntagsspaziergang – nicht jeder fühlt sich wohl.

Der rotierende Arm des Radarsenders/-empfängers über dem Fahrstand wird tellerförmig abgebildet durch die Kameralangzeitbelichtung und den Dauerregen (Bild oben). An Deck befinden sich, in Containern verpackt, zwei große Rettungsinseln. Während der Probefahrten ist das Schiff mit bis zu zwölf Mann deutlich „überbemannt" und „Safety First" wird jetzt besonders großgeschrieben. Die Seenotkreuzer sind mit Funksystemen von CeoTronics ausgestattet, um die Kommunikation auf dem Tochterboot und Mutterschiff sicherzustellen. Die Besatzungsmitglieder tragen Headsets, die zusätzlich effektiv das Gehör schützen. TB 40 wird klargemacht, um Personal an Land in Bremerhaven abzusetzen. SK 36 fährt unterdessen weiter weseraufwärts, zurück zur Werft nach Berne.

158	Montag, 22. Mai 2017	09:00	2,0 Std	Abnahme Tochterbootanlage
159	Dienstag, 23. Mai 2017	07:00	10,0 Std	Probefahrt nach gesondertem Programm Dauerfahrt/Schleppversuch
160	Dienstag, 23. Mai 2017	08:00	2,0 Std	Abnahme Lüftung Maschinenraum und technische Räume
161	Dienstag, 23. Mai 2017	08:00	1,0 Std	Schallpegelmessung
162	Dienstag, 23. Mai 2017	08:00	1,0 Std	Abnahme Selbststeueranlage
163	Dienstag, 23. Mai 2017	10:00	2,0 Std	Abnahme Rundfunk
164	Dienstag, 23. Mai 2017	15:00	2,0 Std	Abnahme Abgassystem
165	Mittwoch, 24. Mai 2017	07:00	10,0 Std	Probefahrt nach gesondertem Programm Manöverfahrten und Aussetzen des Tochterbootes mit Schleppversuch

26 Wochen nach der Probefahrt im Dezember von SK 36 machte sich SK 37 am Dienstag, den 23. Mai 2017 auf den Weg nach Helgoland. Auf der Tagesagenda (Auszug auf dieser Seite oben) vier Stunden Dauerfahrt bei Volllast, bei 24 Knoten (rechts und oben). Ebenfalls auf dem Programm für den 23. Mai: Abnahmetests für die Lüftung der Maschinen- und technischen Räume, die Selbststeueranlage, das Abgassystem sowie Schallpegelmessungen.

SK 37
TB41

Taufen und Indienststellungen

Seit Jahrtausenden tragen Schiffe Namen. Bevor ein Schiff den ersten Hafen anläuft, sollte es getauft sein. Schon in grauer Vorzeit, als Seeungeheuer, Riesenwale und das Ende der tellerartigen Welt Seefahrern Angst und Schrecken einjagten, wurden Schiffe getauft, um Unheil abzuwenden und Meeresgötter zu besänftigen. Die Tradition der Schiffstaufe hat heute noch große Bedeutung. In Deutschland werden Schiffe immer von Frauen getauft – das soll Glück und Segen für Schiff und Besatzung bringen. Beim Taufakt bekommt das Schiff seinen Namen, die Taufpatin spricht ihre Wünsche für allzeit gute Fahrt und – im Fall der Seenotretter – stets eine sichere Heimkehr aus. Als Höhepunkt der Zeremonie zerschlägt sie eine Flasche Sekt am Schiffsrumpf. Es werden Reden gehalten. So ist eine Taufe immer ein guter Anlass zum Feiern. Möge dieser alte Seefahrerbrauch noch lange erhalten bleiben!

Am letzten Sonnabend vor Weihnachten, dem 17. Dezember 2016, wurden der SK 36 und sein Tochterboot in einer größeren Zeremonie auf die Namen BERLIN und STEPPKE getauft und die DGzRS lud zu einem Tag der offenen Tür in ihre Zentrale an der Weser ein. Das Gelände wirkte beinahe wie ein kleiner Weihnachtsmarkt. Die geräumte Werfthalle wurde mit einer Bühne für Shantychöre und Redner ausgestattet. Die Stars der Taufe waren die Taufpatinnen Meret Becker und Tessa Mielitz. Die in Bremen geborene und in Berlin lebende Meret Becker, beliebte Schauspielerin und Stieftochter des 2013 verstorbenen Seenotretter-„Bootschafters“ Otto Sander, wünschte der BERLIN von Herzen „allzeit gute Fahrt und stets eine sichere Heimkehr“. Sie erzählte: „Ich habe schon als Kind großen Respekt vor der See gehabt. Ich bewundere diejenigen, die sich den Gefahren mutig und selbstlos entgegenstellen, um andere zu retten.“

Das Tochterboot STEPPKE erhielt seinen Namen – der auf berlinerisch einen pfiffigen Jungen bezeichnet – von der achtjährigen Tessa Mielitz, die bereits im Alter von vier Monaten zu ihrem ersten Segeltörn mitgenommen wurde.

Während der Zeremonie betonte Seenotretter-Vorsitzer Gerhard Harder, dass der Bau der BERLIN und der STEPPKE ausschließlich durch freiwillige Zuwendungen ermöglicht wurden und dass „jeder unserer Förderer im ganzen Land zu Recht von sich behaupten kann, seinen Teil dazu beigetragen zu haben.“

Viele Einzelpersonen haben ihre Verbundenheit zu diesem Seenotrettungskreuzer durch außergewöhnliche Spenden zum Ausdruck gebracht. Ihre Namen fahren auf einer Danksagungstafel an Bord bei jedem Einsatz mit. Wer online gespendet hatte, konnte seinen Namen zur Taufe auf einer großen Folie in Sammelschiffchenform am Rumpf wiederfinden. Mehr als 13.000 Berliner unterstützen die Seenotretter mit regelmäßigen Spenden und rund 400 Sammelschiffchen haben ihren „Liegeplatz“ in der Bundeshauptstadt.

Bilder links oben und in der Mitte: Weihnachtsmarktatmosphäre mit Public Viewing vor dem DGzRS-Hauptgebäude. Links unten: Ein Shantychor macht Stimmung in der Werfthalle. Rechts: Ein seltener Anblick – das DGzRS-Gelände in stimmungsvolles Licht getaucht

DIE SEENOTRETTER

Sichtbare Symbolik der Verbundenheit: Auf der Außenhaut der BERLIN sind am Tag der Taufe die Namen der Onlinespender zu lesen (oben) und rechts wird die Danktafel mit den Namen außergewöhnlicher Spender an Bord gebracht.

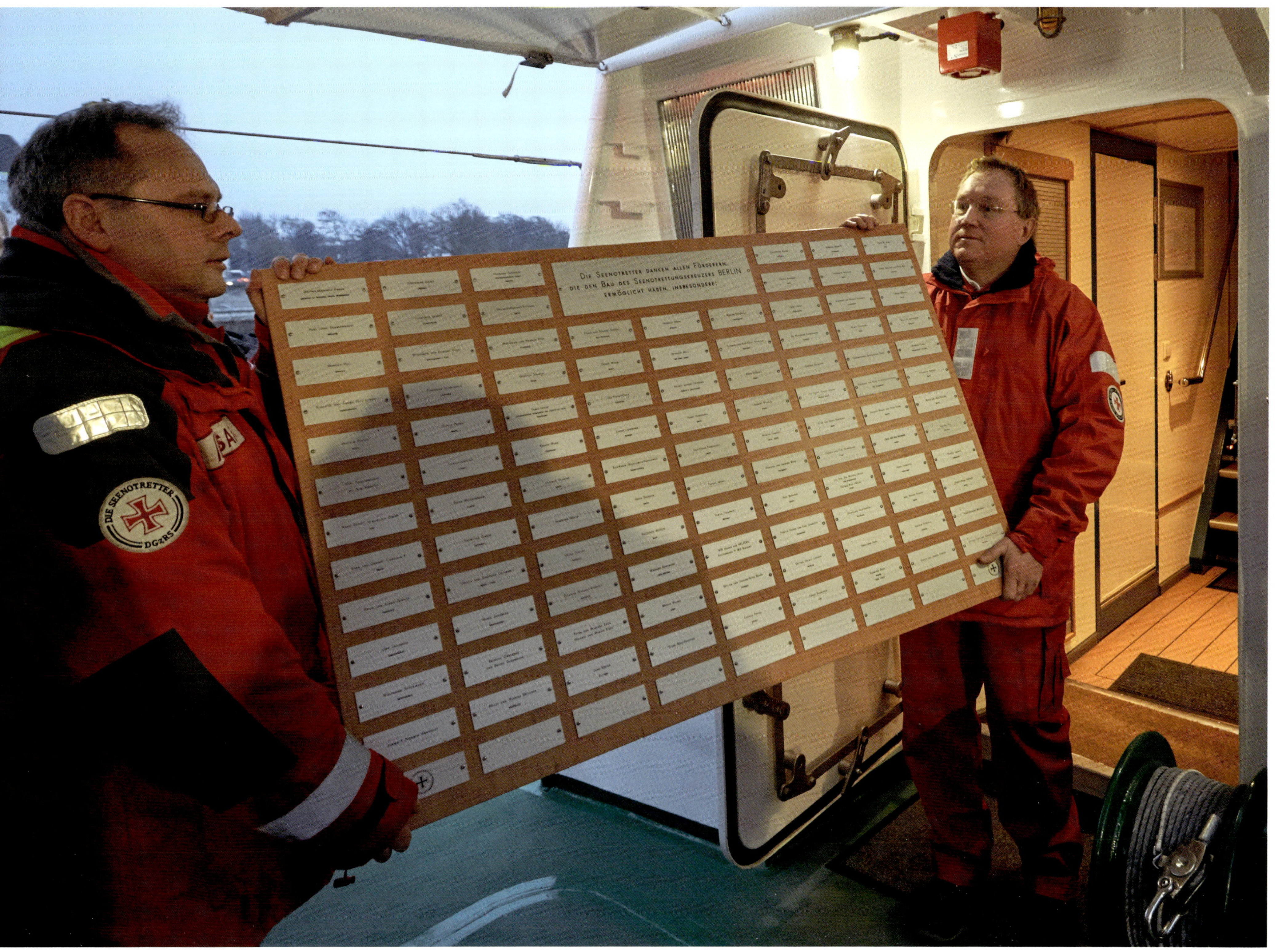
Die Seenotretter danken allen Förderern,
die den Bau des Seenotrettungskreuzers BERLIN
ermöglicht haben, insbesondere:
DIE SEENOTRETTER
DGzRS

Zwei wunderbare Taufpatinnen: Mit fester Stimme wünscht Tessa Mielitz (oben, zusammen mit Gerhard Harder und Michael Müller) der STEPPKE allzeit gute Fahrt und stets eine sichere Heimkehr. Rechts Meret Becker an Bord „ihres" Schiffes.

BERLIN
EHRENAMTLICHER
MITARBEITER

Am 14. Januar 2017, einem Samstag, ist es soweit: Die neue BERLIN läuft zum ersten Mal in die Kieler Förde ein. Sie wird vor der Nord-Ostsee-Kanal-Schleuse von ihrer Vorgängerin begrüßt: Im Korso fahren die beiden Seenotrettungskreuzer ihren Weg nach Laboe. Obwohl kaum 50 Zentimeter länger, ist der Größenunterschied zwischen beiden Kreuzern frappierend (Bild oben). Ab dem Friedrichsorter Leuchtturm bereitet die alte BERLIN ihrer Nachfolgerin mit einer spektakulären Wasserfontänenschau aus ihren Monitoren einen gebührenden Empfang (rechts).

Die alte BERLIN hat mittlerweile ein neues Leben im Ausland begonnen. Die DGzRS hat sie nach Skandinavien verkauft.

BERLIN
STEPPKE
DIE SEENOTRETTER

Als die neue BERLIN in den Laboer Hafen einläuft, wird sie mit einem Martinshorn-Konzert, Blaulicht und einem Wasserfontänentor begrüßt. Die örtliche Feuerwehr und Jugendfeuerwehr freuten sich auf das neue Schiff sowie auf die künftige Zusammenarbeit mit Vormann Michael Müller und seiner Besatzung. Innerhalb der Laboer Bevölkerung hat sich herumgesprochen, dass das neue Schiff an seinen Liegeplatz kommt – und dementsprechend ist der Hafen mit vielen Schaulustigen, Freunden und Förderern der DGzRS belebt.

NIRO SCHMIDT
JUGENDGRUPPENLEITER
JF LABOE
FEUERWEHR
LABOE

Für den 5. Februar 2017 hatte die DGzRS-Station Laboe zur offiziellen Indienststellung der neuen BERLIN eingeladen. Unter den gut gelaunten Rednern waren Gerhard Harder, ehrenamtlicher Vorsitzer der DGzRS (großes Bild rechts, am Rednerpult), sowie Torsten Albig, Ministerpräsident des Landes Schleswig-Holstein (ganz oben), und Vormann Michael Müller (oben). Hotelier Richard Anders reihte sich in die Riege der BERLIN-Förderer ein und überreichte eine namhafte Spende des Hotels Hohe Wacht. Auf allen Monitoren: die beiden BERLINs und deren deutlicher Größenunterschied.

seenotretter.de
freiwillig
unabhängig
spendenfinanziert
Die Seenotretter
DIE SEENOTRETTER
CIPO AND BAXX

SAR

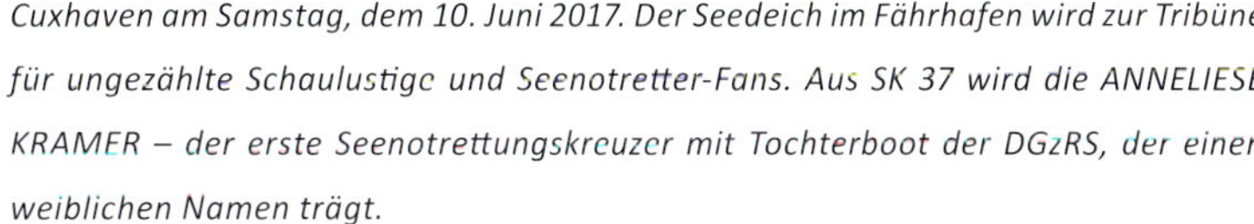
Cuxhaven am Samstag, dem 10. Juni 2017. Der Seedeich im Fährhafen wird zur Tribüne für ungezählte Schaulustige und Seenotretter-Fans. Aus SK 37 wird die ANNELIESE KRAMER – der erste Seenotrettungskreuzer mit Tochterboot der DGzRS, der einen weiblichen Namen trägt.

Mit etwa 100.000 Schiffsbewegungen pro Jahr ist das Revier der ANNELIESE KRAMER eine der am stärksten frequentierten Seeschifffahrtsstraßen der Welt. Anlässlich der Taufzeremonie gesellten sich der Vorgänger HERMANN HELMS, die THEODOR STORM aus Büsum und die GILLIS GULLBRANSSON aus Brunsbüttel hinzu. An Land stehen eine Bühne, Info- und Gastrowagen – sowie zu Ehren des Täuflings, ein Sea-Lynx-Hubschrauber der Deutschen Marine.

Herzlich willkommen
zur Schiffstaufe in
Cuxhaven!
SAR
Deutsche Gesellschaft zur
DIE SEENOTRETTER
DGzRS
Rettung Schiffbrüchiger

Mit der Namengebung der ANNESLIESE KRAMER würdigt die DGzRS eine verstorbene Förderin aus dem Binnenland, die die Seenotretter besonders großzügig in ihrem Nachlass bedacht hat. Diese Erbschaft deckte den größten Teil der Baukosten von SK 37. Als Dank und Erinnerung an die großzügige Tat wurde aus SK 37 die ANNELIESE KRAMER und aus TB 41 die MATHIAS, benannt nach Anneliese Kramers Vater. Er hatte seine Liebe zur See an sie weitergegeben. Die restlichen Kosten wurden durch freiwillige Zuwendungen zahlreicher Menschen aus ganz Deutschland gedeckt.

Auf der Bühne stimmten Mitglieder des Bundespolizeiorchesters Hannover und ein Shantychor die Zuschauer auf die Taufe ein. Auf dem Bild links spricht NDR-Moderator Andreas Kuhnt mit den beiden Taufpatinnen Amelie Schleevoigt und Birge Schade sowie dem Vormann Holger Wolpers, dem stellvertretenden DGzRS-Vorsitzer Michael Schroiff, dem Werftchef Harald Fassmer und dem Oberbürgermeister der Stadt Cuxhaven Dr. Ulrich Getsch.

Oben: Amelie Schleevoigt ist Tochter eines ehrenamtlichen Mitarbeiters der Seenotretter aus Göttingen. Auf dem Zettel steht ihr Taufspruch: „Ich taufe dich auf den Namen MATHIAS und wünsche dir und deiner Besatzung allzeit gute Fahrt und stets eine sichere Heimkehr."

Rechts: Birge Schade und Vormann Holger Wolpers. Die Schauspielerin erinnert sich: „Der Klang der Schiffstyphone hat meine Kindheit in St. Pauli geprägt. Mein Vater hat als Maschinist auf großen Frachtern die Weltmeere befahren. Aus seinen Erzählungen habe ich schon als Kind ein Gefühl für die Gefahren der See bekommen. (...) Ich bewundere diejenigen, die sich Gefahren mutig und selbstlos entgegenstellen, um andere zu retten."

Vorhang auf für die ANNELIESE KRAMER sowie den letzten Auftritt der HERMANN HELMS
Willkommen ANNELIESE KRAMER und auf Wiedersehen, liebe HERMANN HELMS!

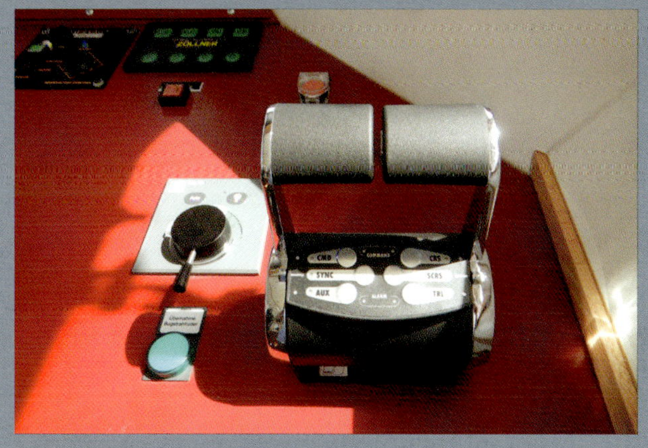

Im Dienst auf Nord- und Ostsee

Die Zwillingsschwestern BERLIN und ANNELIESE KRAMER hatten ein gemeinsames Budget von etwa 20 Millionen Euro. Das ist sicherlich sehr viel Geld, aber wie dieses Buch aufzeigt, ist es gut investiert. Beide Seenotrettungskreuzer verfügen über modernste Navigations- und Ortungsgeräte sowie beste medizinische Ausstattung samt Spezialequipment, um Menschen aus Seenot zu retten.

Beide Seenotrettungskreuzer sind, wie es in Schifffahrtskreisen heißt – „on-time and in budget" – pünktlich und ohne Mehrkosten von der Fassmer Werft abgeliefert worden. Sie sind konzipiert und gebaut für eine Betriebsszeit von durchschnittlich 30 Jahren.

Man könnte meinen, dass die DGzRS Zugang zu einer Kristallkugel hat, um die Entscheidung zu treffen, Boote mit solch langer Lebenserwartung zu bestellen. Kein Mensch ist in der Lage zu wissen, was sich auf dem Wasser abspielen wird. Trotzdem können wir einen Blick in die nicht allzu ferne Zukunft wagen.

Mittlerweile ist es Allgemeinwissen, dass etwa 94 Prozent der Weltwirtschaftsgüter auf immer größer werdenden Frachtern, Tankern, Bulkern und anderen Lastschiffen über See transportiert werden. Deren Entwicklung geht in großen Schritten weiter. Mit Sicherheit werden wir die ersten autonomen Frachtschiffe, die vollkommen selbstständig an- und ablegen und ihren Kurs über See fahren, ohne einen einzigen Mann an Bord oder auf der Brücke zu haben, bald erleben.

Zwar nehmen die Besatzungsstärken auf Frachtschiffen ab, aber es halten sich immer mehr Menschen auf und an der See auf. Die Passagierschifffahrt verzeichnet enorme Zuwachsraten. Fährverkehrslinien sind ebenfalls im Aufwind. Es gibt jedoch Sektoren der Kleinschifffahrt, wie zum Beispiel die Fischerei, die bedingt durch Fangquoten, Schutzräume und Abwrackprämien abnehmen. Dagegen ist die Zunahme von Freizeitskippern jeglicher Couleur immens. Immer mehr Menschen kiten, surfen und paddeln. Sie wagen sich mit Kleinstfahrzeugen wie Surfbrettern, SUP-Boards, Kanus und untermotorisierten Angelbooten auf See. Die Zahl der klassischen Yachtsportteilnehmer ist weitestgehend stabil. Immer mehr Menschen siedeln an den Küsten. Campingplätze, Feriendörfer, Zweit- und Schwimmhäuser ziehen wachsende Bevölkerungsschichten ans, auf und ins Wasser.

Wissenschaftliche Klimamodelle bestätigen die Wetterphänomene, die wir heute erleben. Es zeigt sich gerade im Sommer, wenn viele Menschen sich auf oder am Wasser aufhalten, dass Stürme stärker werden und Starkwindperioden länger dauern. Da ist es gut zu wissen, dass die neuen Seenotrettungskreuzer der DGzRS bestens für die schwierige Arbeit bei harten Bedingungen ausgelegt sind.

Während ihrer Werftliegezeiten, etwa alle drei Jahre, werden die schiffstechnischen- und sonstigen Geräte gewartet und nach Bedarf gegen neuere, bessere Ausrüstungsgegenstände und Elektronik ausgetauscht, welche die Lebenserwartung der neuen Seenotrettungskreuzer erheblich verlängern. Da sind die HERMANN HELMS und die alte BERLIN großartige Vorbilder. Während ihrer 32-jährigen Dienstzeit sind beide Schiffe mehr als 6.000 Einsätze in Nord- und Ostsee gefahren. Gemessen an den geloggten Seemeilen, umrundete jeder der beiden Seenotrettungskreuzer mehr als zweimal die Erde.

Stationiert in Laboe, am Ausgang der Kieler Förde und des Nord-Ostsee-Kanals, liegt die neue BERLIN an einem der maritimen Hotspots überhaupt. Mit rund 32.000 passierenden Schiffen pro Jahr ist der Nord-Ostsee-Kanal die meist befahrene künstliche Seeschifffahrtsstraße der Welt. Kiels Fähr- und Passagierschiffsterminals, die Marine, maritime Forschungsstätten und die kleine, aber intakte Fischereiflotte, generieren weiteren Schiffsverkehr.

Die BERLIN unter Volllast vor Rapsfeldern an der Kieler Bucht

BERLIN
SAR

Kiel nennt sich „Sailing City" – neun Yachthäfen, zahlreiche wassersportliche Großveranstaltungen sowie ungezählte Kiter, Surfer, Paddler etc. sorgen allesamt dafür, dass die neue, schnellere und etwas größere BERLIN eine prominente Rolle in der Sicherung zur Kieler Bucht und südöstlichen Ostsee einnimmt.

Die ANNELIESE KRAMER ist der erste 28-Meter-Seenotrettungskreuzer, der an der niedersächsischen Küste stationiert wurde. Ihr Einsatzgebiet ist die Elbemündung mit ihren starken Strömungen, den Watt- und Sandbankgebieten sowie der offenen Nordsee, die hinter Tonne 1 anfängt. Egal, was die Windmessanlage anzeigt, die ANNELIESE KRAMER fährt bei jedem Wetter – und das gerade in der Elbmündung, wo die Bedingungen oft extrem sind.

Ihre Aufgaben sind breit gefächert und umfassen alle denkbaren Notfälle auf See – von durch die Tide überraschten Wattwanderern bis hin zu Notfällen aller Art auf Ozeanriesen.

Bild oben: Die Idylle im Hafen von Laboe täuscht. Die neue BERLIN ist auf der wahrscheinlich arbeitsreichsten Station der DGzRS rund um die Uhr und bei jedem Wetter einsatzbereit.

Bild rechts: Die ANNELIESE KRAMER auf Kontrollfahrt, fotographiert zwischen gigantischen Container- und Ro-Ro-Schiffen

DFDS SEAWAYS
NYK LINE
NYK EAGLE
DIE SEENOTRETTER

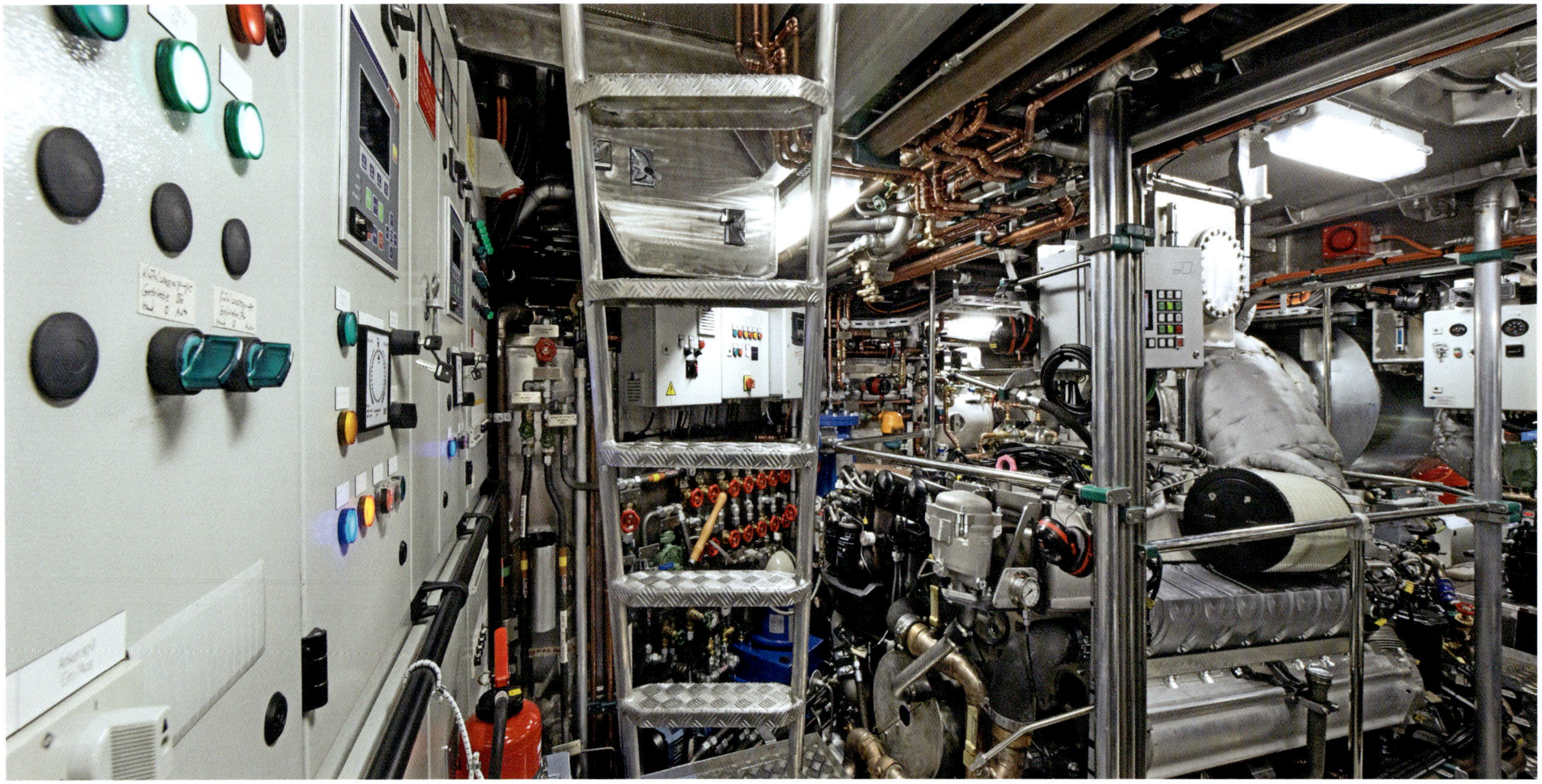

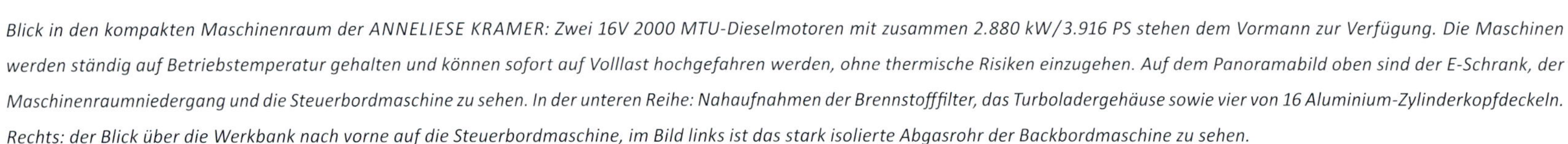

Blick in den kompakten Maschinenraum der ANNELIESE KRAMER: Zwei 16V 2000 MTU-Dieselmotoren mit zusammen 2.880 kW/3.916 PS stehen dem Vormann zur Verfügung. Die Maschinen werden ständig auf Betriebstemperatur gehalten und können sofort auf Volllast hochgefahren werden, ohne thermische Risiken einzugehen. Auf dem Panoramabild oben sind der E-Schrank, der Maschinenraumniedergang und die Steuerbordmaschine zu sehen. In der unteren Reihe: Nahaufnahmen der Brennstofffilter, das Turboladergehäuse sowie vier von 16 Aluminium-Zylinderkopfdeckeln. Rechts: der Blick über die Werkbank nach vorne auf die Steuerbordmaschine, im Bild links ist das stark isolierte Abgasrohr der Backbordmaschine zu sehen.

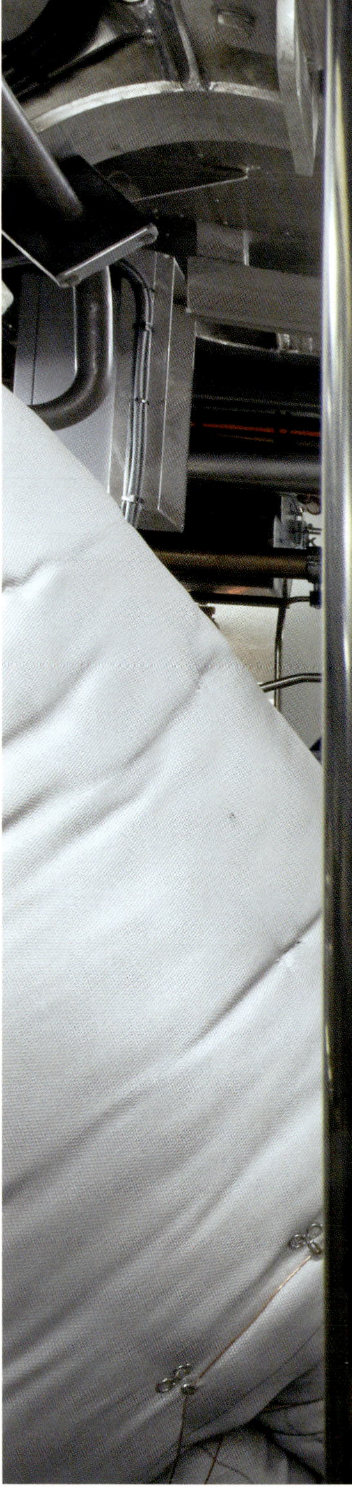

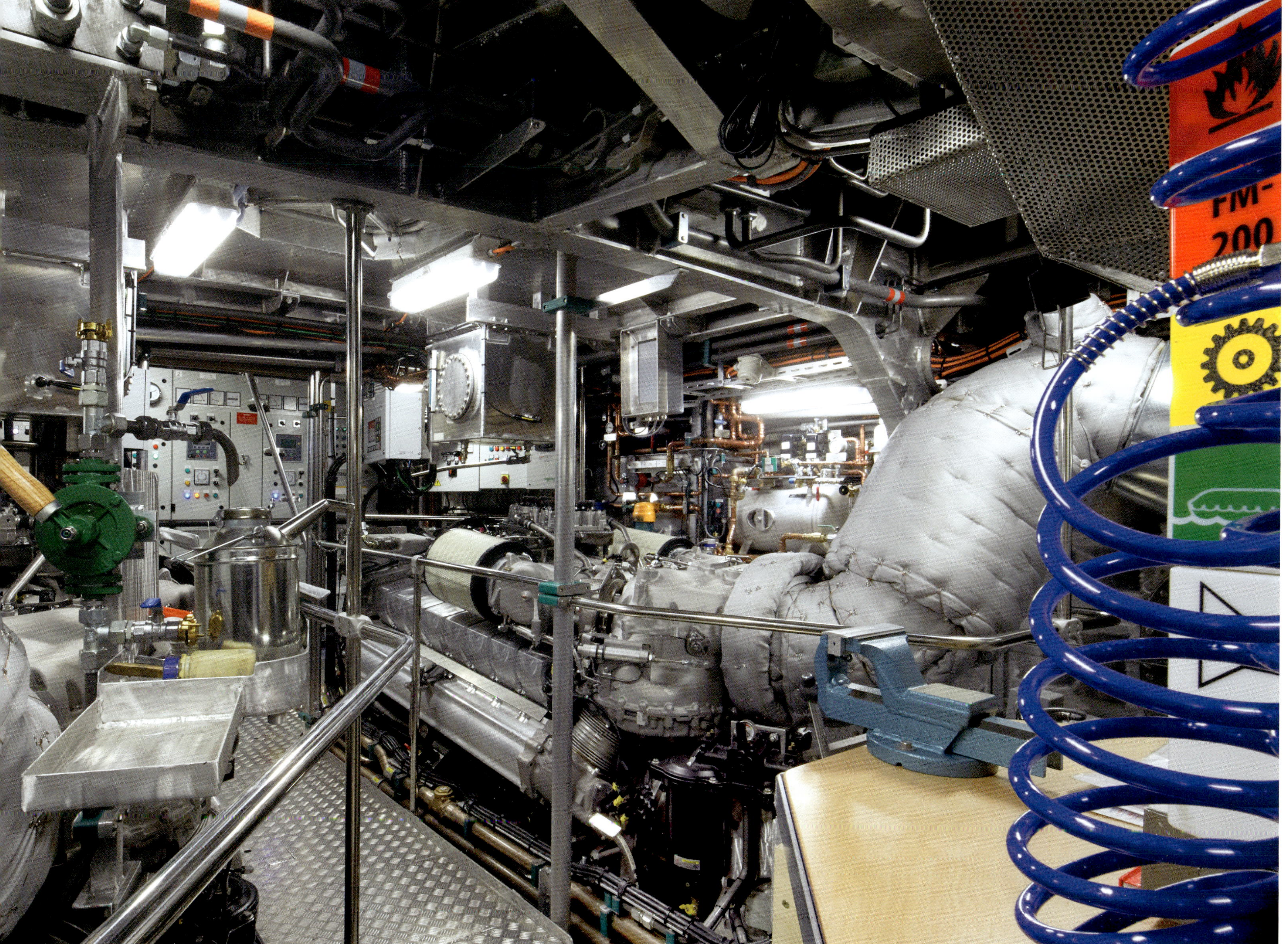

Der Fahrstand auf den neuen 28-Meter-Seenotrettungskreuzern ist multifunktional. Er ist so ausgelegt, dass alle Mann auf der Brücke ihren Arbeitsplatz haben. Er ist das Vorort-Koordinationszentrum für Rettungsmaßnahmen und zusammen mit der Seenotleitung Bremen werden Abläufe mit anderen Schiffen, Hubschraubern etc. am Einsatzsort gesteuert. Auf dieser Seite, links, Blick vom Ruderhausaufgang auf den Backbord-Arbeitsplatz am Fahrstand. Bei Hartwetter sitzt die Besatzung angeschnallt in voll-federnden Spezialsitzen. Die Maschine wird vom Arbeitsplatz steuerbord (Bild oben) gefahren und überwacht. Der Arbeitsplatz auf dem unteren Bild dient dem On-Scene-Coordinator (Einsatzleiter vor Ort). Auf der rechten Seite: der Zwei-Mann-Fahrstand, ausgestattet mit modernsten, digitalen Seekartensystemen, Kommunikationsgeräten mit mehreren Funkkanälen sowie nautischen Notwendigkeiten wie z. B. Joy-Stick-Steuerung, Autopilot, Kreiselkompass, Bugstrahler etc.

FURUNO
16

Anders als auf den Vorgängerschiffen sind die Bordhospitale/Mehrzweckräume der BERLIN, ANNELIESE KRAMER und ERNST MEIER-HEDDE von den Aufenthaltsräumen der Besatzung komplett getrennt. Die Ausstattung ist vergleichbar mit der eines Rettungswagens an Land. An Bord sind unter anderem ein Automatik-Defibrillator (AED), eine Sauerstoffbeatmungsanlage und ein standardisiertes Notfallkoffersystem mit medizinischen Instrumenten und Medikamenten. Ist einmal kein Arzt an Bord, kann über Funk jederzeit die Verbindung mit einem Krankenhaus an Land hergestellt werden (funkärztliche Beratung).

Die neuen 28-Meter-Seenotrettungskreuzer sind rund um die Uhr und bei jedem Wetter innerhalb von Minuten auslaufbereit. Die Besatzungen verbringen ihre komplette 14-tägige Dienstzeit an Bord. Im Einsatz werden sie oft bis an die Grenzen ihrer Kräfte strapaziert. Damit sie optimal konditioniert in See stechen können, wird an Bord gut gekocht – und manche Küche ist von gehobenem Standard. Hier abgebildet: die Pantry aus Nirosta-Stahl mit gut gefülltem Profi-Herd. Übrigens: Die besten Rezepte haben es ins Seenotretter-Kochbuch geschafft, erschienen ebenfalls im Koehler-Verlag.

Die Mannschaftsmesse auf dem Hauptdeck

Hier werden Besucher empfangen und hier wird gemeinsam gegessen, geplant und Fernsehen geschaut.

Kammer des ersten Vormanns (und HSV-Fans) der ANNELIESE KRAMER. Hinter der Kamera befindet sich ein Schreibtisch mit Stuhl. Während des 14-tägigen „Törns" hat jedes der vier Besatzungsmitglieder seinen eigenen, persönlichen Rückzugsraum.

Eines der wichtigsten Arbeitsgeräte der neuen 28-Meter-Seenotrettungskreuzer ist das Tochterboot. Kurz vor dem Einsatz vor Ort wird es zu Wasser gelassen – eine Sache von wenigen Minuten. Die neuen Tochterboote sind wendig und sehr schnell, ein 170-kW-Steyr-Dieselmotor ermöglicht eine Höchstgeschwindigkeit von 19 Knoten.

Durch den geringen Tiefgang von 80 Zentimetern ist die STEPPKE (und sind natürlich auch ihre Schwestern Tochterboote LOTTE und MATHIAS) bestens geeignet für Arbeiten in flachen Gewässern, das Längsseitsgehen an kleineren Fahrzeugen und für die Rettung von Personen aus dem Wasser durch die aufklappbare Bergungspforte auf der Steuerbordseite achtern im Rumpf. Die Tochterboote sind selbstaufrichtend, bei Schleppmanövern sorgt das Netz an der Achterkante des Daches für zusätzliche Sicherheit im Cockpit.

Auf dem Bild oben lässt die BERLIN bei acht Knoten Fahrt die STEPPKE, deren Maschine bereits eingekuppelt ist, über den abgeklappten Spiegel ins Wasser rutschen. Beide Einheiten (Foto rechts) bilden ein zuverlässiges Team und sind ein starkes Symbol für die professionelle Arbeit der Seenotretter auf Nord- und Ostsee.

STEPPKE
SAR
BERLIN
SAR

29. Oktober 2017, 9.45 Uhr. Orkan Herwart tobt mit Windgeschwindigkeiten von zeitweise über 120 km/h über Norddeutschland. Vor Cuxhaven extremes Hochwasser, die Elbe kocht. Direkt vor der Hafeneinfahrt drei bis vier Meter hohe, steile Wellen, das Resultat von Starkwind aus Nordwest, der mit acht bis zehn Beaufort über die ablaufende Tide stürmt. Die ANNELIESE KRAMER zeigt ihre Souveränität, als sie mit 18 Knoten aus einer Welle herausschießt.

SAR

SAR
ANNELIESE KRAMER

Seit ihren Indienststellungen am 10. Juni 2017 und am 14. Januar 2017 haben die ANNELIESE KRAMER und die BERLIN ihre Diensttauglichkeit bewiesen. Ihre Besatzungen haben nur Positives zu berichten. Das Zitat von Alexander Graham Bell, welches ganz am Anfang des Buches steht, „Große Entdeckungen und Verbesserungen sind stets das Produkt der Zusammenarbeit vieler Köpfe", passt perfekt. Beide Schiffe sind großartige Seenotrettungskreuzer geworden, dank dem Zusammenwirken unzähliger Mitarbeiter und Lieferanten.

Das Buch „TWINS" schlägt den Bogen von der THEODOR HEUSS bis zur ANNELIESE KRAMER und zur BERLIN und dem Typschiff ERNST MEIER-HEDDE – mit ihrem Taufspruch: „Fahre, Schiff, Du tapf're Retter, durch der Stürme böses Wetter, zu dem Bruder, der in Not, bis Dein Helfen sich ihm bot – dass als großes Vorbild bliebe: Tapferkeit und Menschenliebe".

Foto: Peter Neumann / YPS / Yacht Photo Service

CeoTronics AG
Adam-Opel-Str. 6
63322 Rödermark
Deutschland
Tel.: +49-6074-87 51-0
Fax: +49-6074-87 51-265
verkauf@ceotronics.com
www.ceotronics.com

Dacon AS
Gamle Ringeriksvei 6
1369 Stabekk
Norway
Tel.: +47-21 06 35 00
Fax: 67 53 34 40/67 53 30 29
rescue@dacon.no
www.dacon.no

Drews Marine GmbH
Billbrookdeich 151
22113 Hamburg
Deutschland
Tel.: +49-40-731 68 - 0
Fax: +49-40-736 716 74
info@drewsmarine.com
www.drewsmarine.com

Fr. Fassmer GmbH & Co. KG
Industriestraße 2
27804 Berne/Motzen
Deutschland
Tel.: +49-4406-9 42-0
Fax: +49-4406-9 42-100
info@fassmer.de
www.fassmer.de

FURUNO DEUTSCHLAND GmbH
Siemensstraße 31–33
25462 Rellingen
Deutschland
Tel.: +49-4101-838-0
Fax: +49-4101/838-111
furuno@furuno.de
www.furuno.de

GDA
GESAMTVERBAND DER
ALUMINIUMINDUSTRIE e.V.

Gesamtverband der Aluminiumindustrie e.V.
Am Bonneshof 5
40474 Düsseldorf
Deutschland
Tel.: +49-211-47 96-0
information@aluinfo.de
www.aluinfo.de

Hempel (Germany) GmbH
Hindenburgdamm 60
25421 Pinneberg
Deutschland
Tel.: +49-4101-70 70
Fax: +49-4101-7 73 40 34
marine.de@hempel.com
www.hempel.com

Hamburgische Schiffbau-Versuchsanstalt GmbH
Bramfelder Straße 164
22305 Hamburg
Deutschland
Tel.: +49-40-6 92 03-0
Fax: +49-40-6 92 03-345
info@hsva.de
www.hsva.de

MOJE
WASSERRETTUNGSLIFT
Water Rescue Lift

Moje Rettungssysteme e.K.
Harburger Straße 31
21614 Buxtehude
Deutschland
Tel.: +49-4161-6 14 71
info@moje-rettungssysteme.de
www.moje-rettungssysteme.de

Nautilus Marine Service GmbH
Alter Postweg 30
21614 Buxtehude
Deutschland
Tel.: +49-4161-5 59 03-0
Fax: +49-4161-5 59 03-29
info@nautilus-gmbh.com
www.nautilus-gmbh.com

OptoPrecision GmbH
Auf der Höhe 15
28357 Bremen
Deutschland
Tel.: +49-421-9 49 61-10
Fax: +49-421-9 49 61-99
info@optoprecision.de
www.optoprecision.de
Optische Systeme

Restech Norway AS
P.O.Box 624
N-8001 Bodø
Norway
Tel.: +47-755 42 440
restech@restech.no
www.restech.no

SCHAFFRAN Propeller + Service GmbH
Bei der Gasanstalt 6–8
23560 Lübeck
Deutschland
Tel.: +49-451-5 83 23-0
Fax: +49-451-5 83 23-23
info@schaffran-propeller.de
www.schaffran-propeller.de

Danksagung
[Thanks]

Autor und Verlag danken
allen Firmen und Institutionen,
die mit Anzeigen diese
Dokumentation ermöglicht haben.
Bitte beachten Sie die
vorausgehenden und die der
Danksagung nachfolgenden Seiten

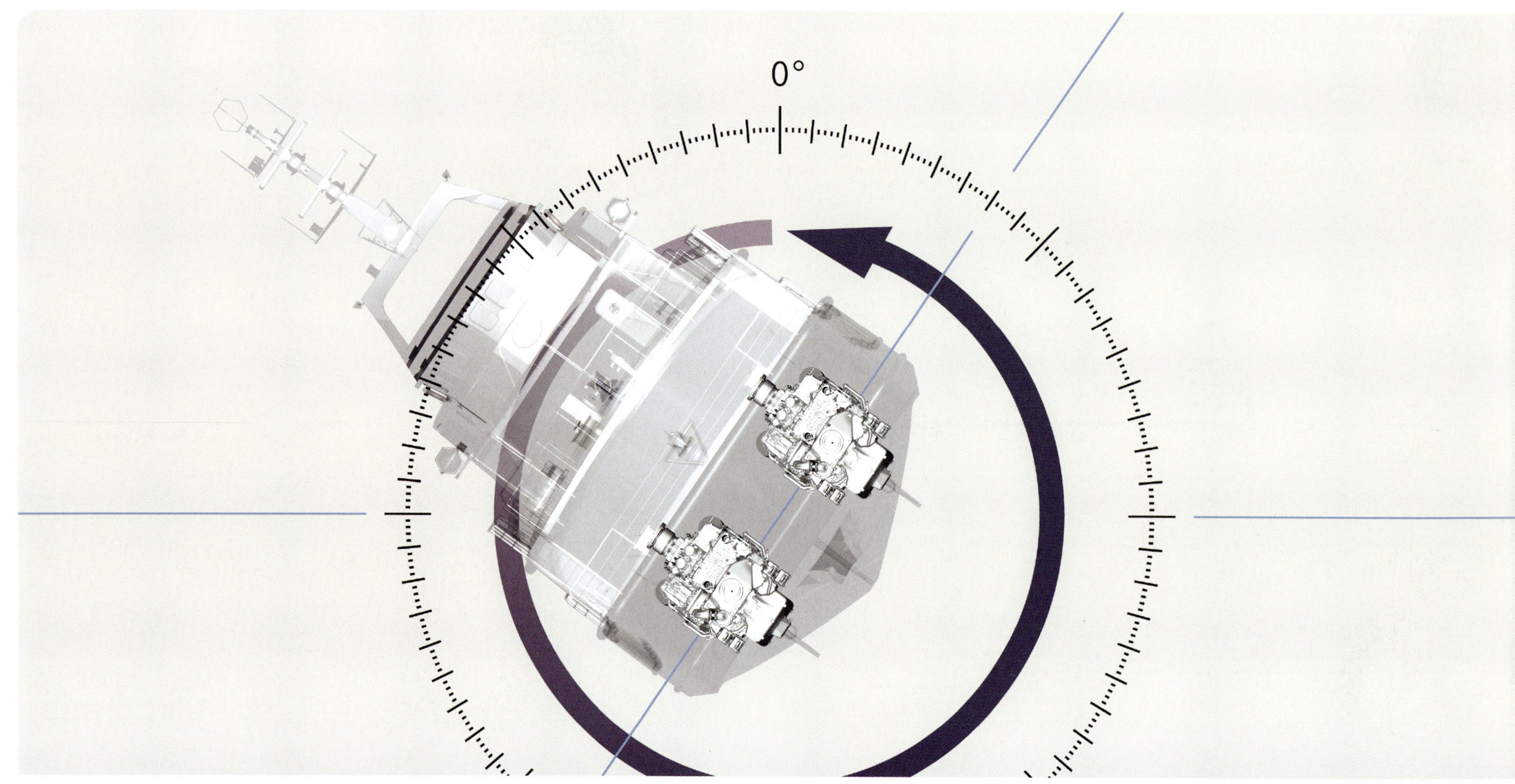
0°

Baureihe 2000 mit Roughsea-Kit

Power. Passion. Partnership.

Die Flagge der Seenotretter mit dem roten Hansekreuz auf weißem Grund und schwarzem Rand bleibt rund um die Uhr gesetzt, um die ständige Einsatzbereitschaft der Rettungsflotte zu dokumentieren. Bereits Jahrhunderte vor Gründung der DGzRS tauchte dieses Kreuz in den Flaggen einiger Hansestädte auf. Rot und weiß sind nicht nur humanitäre Farben, sondern auch die Farben des Städtebundes Hanse. Der Norddeutsche Bund wiederum, politischer Vorläufer des geeinten Deutschlands, genehmigte die Dienstflagge der DGzRS im Jahr 1868.